HOW LIFE CYCLE ASSESSMENT TRANSFORMS
THE FUTURE OF INDUSTRY

LCA

ライフ
サイクル
アセスメント

が変える
産業の未来

PwC Japanグループ
Life Cycle Assessment Consulting Initiative 編著

ダイヤモンド社

はじめに

　ライフサイクルアセスメント（Life Cycle Assessment、以下LCA）とは、製品やサービスのライフサイクル全体（「ゆりかごから墓場まで」）における、投入資源、環境負荷およびそれらによる地球や生態系への環境影響を定量的に評価する方法で、その評価結果に基づき、製品設計や原材料の選択、製造工程、輸送手段や利用方法などを変革し、ライフサイクル全体で環境負荷を低減させることを目的としている。

　その意味で、あらゆる産業、あらゆる製品・サービスが関わり、国の政策にも多方面で関係してくる。

　LCAの歴史を遡ると、古くは1969年に米国の飲料メーカーが始めた飲料容器に関する環境影響評価（リターナブルボトルと使い捨てボトルの比較）を皮切りに、1970年代に米国でさまざまなLCAが実施されたのが始まりで、1980年代には欧州で広まり、1990年代には日本でも「LCA日本フォーラム」が発足した（1995年）。その後1997年にはISO14040（LCAの原則および枠組み）が発行され、その後順次、国際規格が発行されている。

　このように歴史のあるLCAだが、なぜ今LCAへの注目が高まっているのか、そこではどのような動きがあるのか、それをどのように企業活動・企業経営に組み込み、活かしていくのか、本書では以下の構成で解説する。

　第1章では、急速に動きつつあるLCAに関する変化の動向について、欧州で先行する規制・制度の観点や、LCAを支えるインフラとしてのデ

ータ基盤などの技術の観点、カーボンプライシングやカーボンクレジット
の動向、そして組織としての開示ルールの観点からまとめる。

　第2章では、そのなかで求められる企業戦略面での取り組みについて説
明する。まずはバリューチェーンの観点で、サプライチェーン、生産シス
テム、製品開発システム、そして素材の分野での対応を見たうえで、より
幅広い観点での対応として、スマートモビリティサービスやそれを含むネ
ットゼロスマートシティなど、企業の枠を超えた取り組みやサーキュラー
エコノミー実現の観点で、対応の方向性や課題を整理する。

　また、企業での対応を支えるアプローチやソリューションについて、関
係ある節の終わりに紹介している。

　企業での取り組み事例として、幅広い産業に提供される半導体の製造装
置を供給している東京エレクトロン株式会社の取り組みを、佐々木貞夫副
社長との対談形式で紹介する。

　目次を見ながら関心のあるテーマから読み進めてもわかるような内容構
成とした。

CONTENTS

CONTENTS

第2章 迫られるLCAへの対応

CONTENTS

序　章

LCAとは何か

なぜ今LCAか?

気候変動リスクの高まり

　地球環境問題が重要性を増してくるなか、30年ほど前から気候変動対応の国際的枠組みが始まっている。その1992年に採択され、1994年に発効し、現在198ヵ国・地域が締結している「国連気候変動枠組条約（UNFCCC）」の締約国によって2020年までの枠組みを定めたものが「京都議定書」で、2020年以降の枠組みを定めたものが「パリ協定」である。

　また、この条約への賛同国が参加するCOP（Conference of the Parties）の「COP26」（2021年秋に開催）においては、1988年に国連環境計画と世界気象機関によって設立されたIPCC（気候変動に関する政府間パネル）が第6次評価報告書第1作業部会（自然科学的根拠を担当）報告書を発表し、温暖化を1.5℃で止めるには2050年頃には二酸化炭素（CO_2）排出を実質ゼロとすることが必要と評価している。これを受けて、パリ協定の「1.5℃努力目標」に向けた21紀半ばの「カーボンニュートラル」達成と、その経過点である2030年に向けた野心的な気候変動対策を締約国に求めることが決定され、取り組みの加速が促されている。さらに、パリ協定第6条に基づく温室効果ガス（Greenhouse Gas：GHG）排出削減量の国際移転市場メカニズムの実施指針も合意に至り、パリ協定のルールブックが完成した。

　こうした動きのなかで、資本市場においても、気候変動に対する企業の取り組みを評価するNGO（非政府組織）「CDP（旧 Carbon Disclosure Project）」がプレゼンスを増し、また、国際的な環境NGOである「The Climate Group（TCG）」が、CDPとともに運営する「RE100」のもと、再生

可能エネルギー電力100％にコミットする企業が結集し、エネルギー移行を加速させる活動を活発化させ、政策立案者および投資家に対してアピールしている。

　並行して、気候変動対応をリードする欧州では、欧州委員会が2019年12月に「欧州グリーン・ディール」を公表後、2021年6月には、2050年までの「気候中立化」と中間地点の2030年に「55％削減」を法的拘束力のある目標とする「欧州気候法」を採択し、7月に施行した。その政策指針提言文書「Fit for 55」では、2030年の「55％削減」に向けて、法規制や税制などを適合させる必要性が唱えられることとなり、これを受けて排出削減努力の一層の加速が求められることとなった（エネルギー同盟状況報告書では、1990年比での2030年までの排出予測は、決定済み対策織り込み後で41％の削減となり、目標の55％の削減には届かないため、加速が必要）。

　こうしたカーボンニュートラル化の動きのなかで、特に気候変動対応のためのLCAとしてのカーボンフットプリントも注目され、製品やサービスのライフサイクルを通した対応の重要性に対する認識が、産業や国を超えて高まっている。

地政学リスクの高まり

　さらに、昨今の地政学リスクの高まりのなかでもLCAの重要性は増している。それは、LCAが、「環境政策」にとどまらず、「資源政策」「産業政策」といった国家安全保障と密接に関わっているからである（図表0－1）。
　まず、LCAは環境政策からスタートした。たとえば、自動車産業における環境政策はこれまで燃費規制（たとえば、EUのCO_2排出規則では、新車乗用車の企業別平均CO_2排出量を2021年までに95g/km以下にしなけれ

■図表0-1　国家政策と関連付けられるLCA（自動車の例）

		CO₂／排ガス規制	▶ LCA
環境政策		●GHG・環境負荷物質の削減 （車両走行時の燃費性能・排ガス性能の向上）	●GHG・環境負荷物質の削減 （ライフサイクルを通じた環境負荷物質低減）
資源安全保障	エネルギーリソース	●産油国への依存度軽減 （再生可能エネルギー比率向上と併せて、輸入に依存する化石燃料消費量を抑制）	●再エネ促進によるエネルギー自立化 （製造時・使用時のエネルギーにおける再エネ比率の高いほうが有利になる構造）
	マテリアルリソース	N.A.	●鉱物資源（二次資源含む）の域内確保 （再エネ比率の高い現地生産・消費の促進による資源吸引＆域内循環資源確保）
	データリソース	N.A.	●データ資源の域内確保 産業IoTデータ連携基盤活用とデータ保護規則により、データの域内確保と高付加価値化を狙う
産業政策		●後発国産業に対する優位の維持 （厳しい規制で後発国産業追随難易度を高めるとともに、先行開発技術を後発国へ輸出）	●バッテリーなど付加価値の域内確保 （炭素国境調整なども含め、再エネ比率の高い域内での生産・使用促進）

ばならない）や排ガス規制（2025年には「ユーロ7」が施行予定）およびELV（End of Life Vehicle：使用済み自動車）指令などがメインであったが、電気自動車（Battery Electric Vehicle：BEV）の時代になると燃費規制や排ガス規制といった従来の環境規制は意味がなくなり、別の環境負荷軽減規制が必要となる。その中心となるのがLCAで、ライフサイクルの上流から下流（使用段階やリサイクルを含む）までを通じて、GHG排出などの環境負荷の軽減が求められてくることになる。

　資源政策がこの環境政策とカップリングされる。資源には、現代の3大

経営資源ともいわれる「エネルギー」「マテリアル」「データ」がある。まず、エネルギー政策面では、化石燃料の使用量、CO_2の排出量を減らしLCAをよくすることが、環境によいだけでなく、エネルギー資源の域外依存を減らし、国家としてのエネルギー安全保障につながる。

　EU統計によると、2019年時点での総エネルギー消費に占める化石燃料（石炭、天然ガス、石油）の比率は依然70％弱を占めている（世界全体では2018年85％、日本も2020年85％で輸入依存度は90％前後）。再生可能エネルギー（再エネ）比率は16〜17％程度にとどまっており、化石燃料の使用の多い電力と運輸での削減が域外依存からの脱却にとって重要視され、電力セクターにおいては再エネ導入、運輸セクターにおいては燃費規制がその推進力となってきた。その結果、電力においてはEUでは再エネ導入が進み、2020年には、総発電量に占める風力や太陽光など再エネ電力の比率は38％まで上昇し（日本は2019年度で18％）、化石燃料による発電量の比率37％と同等の水準にまで上昇している。[i] このように、電力の再エネ比率が上昇してきた段階においては、運輸セクターのCO_2規制を究極まで進めたゼロカーボン化、つまりBEV化が、LCAの観点から有利になるため、LCAはエネルギー資源政策とリンクする。

　LCAは、マテリアル資源政策とも密接に関係する。資源の偏在、資源の他地域への依存は、国家安全保障上リスクとなり、LCAがその対応に寄与するからである。ライフサイクルの、特に下流から静脈流におけるLCAをよくするためには、域内での資源循環構造が有効である。環境負荷の小さいリサイクル材の活用促進のために、生産し消費された後、都市鉱山から資源供給される「地産地消」の構造をつくり出すことで、LCAがよくなると同時に、今後資源需給が逼迫してくるフェーズでは域内で循環できる割合が上昇し、資源安全保障上有利となる。

　そのためには、まずは生産を誘致し、消費を喚起する必要がある。域内で資源を消費し、製品を大量生産することで、その後十分な資源が域内に確保できたら、リサイクル率を高めて域内循環を促す規制や政策が効果を上げるからである。こうした、LCAで有利になるための企業誘致・産業誘致は、産業政策に直結する。

　次に「データ」に関していうと、LCAは企業間でデータを連携することで、その測定と対応が可能となる。たとえば欧州では、これまでIndustry4.0などの産業・企業間連携の強化による産業全体の競争力向上を図ってきたが、LCAをユースケースの1つとしてデータ流通基盤の普及を図る。これにより「データ資源」を、分散型・連邦型ガバナンスのもとで域内流通させるデータ流通基盤により、テックジャイアントなどの域外企業によるデータの寡占から脱却し、価値あるデータ資源を域内にとどめるという観点で資源安全保障を強化する。

　こうして各種政策はカップリングされてきており、企業は環境や産業対策を超えて、地政学リスクへの対応を図っていくという相互の関連性の観点でLCAを統合的に捉え、シナリオを想定する必要がある。

データ基盤技術の立ち上がり

　LCAの取り組みが加速している背景には、ここまで見たように、その必要性が高まっているということに加え、LCAの有効な実装を可能とする技術が立ち上がってきているということもある。LCAは、サプライチェーンを構成するさまざまなステークホルダーが相互にデータを供与し合って算出する必要があり、そのためにはこれらのデータの連携が可能となるデータ流通基盤が重要となるからである。欧州では、企業間のデータ連

携プラットフォームGAIA-Xのリファレンスアーキテクチャに基づき、自動車業界ではCatena-Xが、材料・部品から組立、またリサイクルなどをカバーする複数のユースケースでデータマーケットプレイスの実証や実装を進めている。また、サプライチェーン下流の使用段階をメインに、フラウンホーファー研究機構を中心として、Mobility Data Space（MDS）によるデータ連携が進められようとしている（第1章−1参照）。

　データ流通基盤の運用において重要となってくるデータセキュリティに関しては、ブロックチェーンなどのテクノロジーアーキテクチャによって担保する方法も含め、データ開示の制度設計が重要となる（第1章−4参照）。また、社内のデータ基盤とデータ流通基盤におけるデータフォーマットのあり方も論点となる。製品LCAは、自社の製品競争力強化のための技術やサプライチェーン改革のための活用に加え、燃費基準などに代わる認証基準としても活用されることを考えると、データ流通の技術だけでなく、サプライチェーン参加者全体が、一定の規格・基準に基づいてデータを連携し、それを使用して算出し、LCAのプロセスや結果を認証する仕組み・インフラが必要とされる。このような認識をサプライチェーン参加者間で共有しながら、実装に向けた推進力が高まってきていると見られる。

自動車の電動化

　全産業でLCAの重要性が認識されるなか、特に自動車においては、電動化の加速がLCAの重要性を高めている。BEVは、走行中はCO_2を排出しないため、内燃機関車（Internal Combustion Engine Vehicle：ICEV）よりもはるかに環境によいと考えられることもあるかもしれないが、LCA

■図表0-2　内燃機関車（ICEV）と電気自動車（BEV）のCO₂排出量LCA比較

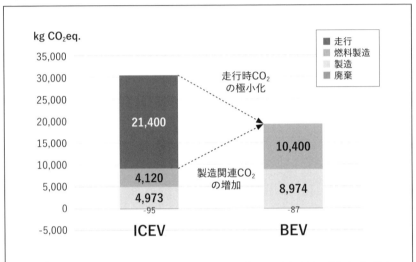

出典：「Life Cycle Assessment in the automotive sector: a comparative case study of Internal Combustion Engine (ICE) and electric car」（2018, Francesco Del Pero, Massimo Delogu, Marco Pierini）

で見るとつくり方や使われ方によってはEVが必ずしも圧倒的に環境にいいとは言いきれない面もある。「Life Cycle Assessment in the automotive sector : a comparative case study of Internal Combustion Engine（ICE）and electric car」（2018, Francesco Del Pero, Massimo Delogu, Marco Pierini）の試算によると、15万km走行を前提としてエネルギー燃料構成を欧州ベースとした場合のICEVとBEVのライフサイクル全体でのCO₂排出量は図表0－2の通りとなっている。

　この試算によると、BEV車両製造時のCO₂排出量は、ICEVの約1.8倍（その多くは車載用電池製造時CO₂排出量）となっており、また、走行用の燃料（BEVの場合は電気）製造に関しては、欧州ベースの発電構成・燃料

構成で15万km走行を前提とする場合、BEVはICEVの約2.5倍となり、車両製造と燃料製造を合わせると約2倍のCO_2排出量となる。これに走行時のTank to Wheel（自動車の燃料タンクから実際にタイヤを駆動させるまで）のCO_2排出量を加えると、Tank to WheelのCO_2排出量がゼロのBEVに対して、平均的な燃費を前提とするICEVは、合計で約1.5倍のCO_2排出量となる。走行段階のTank to Wheelでの差21,400kgCO_2eq.が、燃料製

■図表0-3　LCAの対象範囲（自動車の例）

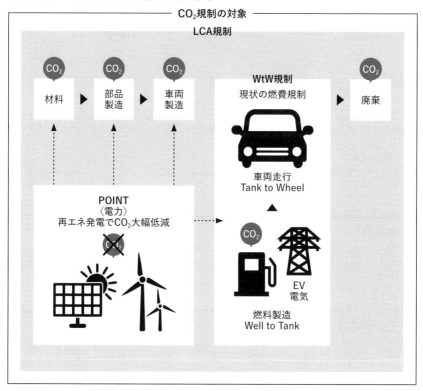

出典：日本自動車工業会

造まで含むWell to Wheel（石油の採掘からタイヤを駆動するまで）では約15,400kgCO$_2$eq.の差に縮まり、さらに製造と廃棄までを含む狭義のLCAで見ると、差は約10,000kgCO$_2$eq.にまで縮まるという試算になる。燃費のきわめてすぐれたハイブリッド車（HEV）やプラグインハイブリッド車（PHEV）、非化石燃料を用いたICEVとの比較や、電気製造時のCO$_2$排出量が大きい電源構成の地域においては、ICEVとBEVのCO$_2$排出量の差がさらに小さくなり、場合によっては逆転することも考えられる。したがって、本来の意味での環境対策を推進するならば、資源採取から廃棄に至るまで、すべてのプロセスで負荷を抑える（図表0-3：CO$_2$削減などLCAを改善する）努力と合わせて電動化を推進することが必要となる。

まずは電池から

　車両のLCAは、制度化にはまだ議論が必要な一方、今後市場拡大が見込まれるBEVなどの電動車両のキーコンポーネントであり、かつ、製造段階のCO$_2$排出量の多くを占める電池に関しては、制度化が先行している。それをリードする欧州では、欧州委員会が2020年12月に公表した「欧州電池規則案」により、2024年7月1日から、市販される特定の産業用・BEV用二次電池は、「カーボンフットプリント宣言（carbon footprint declaration）」が義務付けられる。

　この規則は、欧州委員会が掲げる先述の「欧州グリーン・ディール」のなかの「新循環経済行動計画」の取り組みの1つでもあり、また、「EU新産業戦略」や「持続可能でスマートなモビリティ戦略」とも関連する規則である。規則案は、リサイクルされた原材料の使用量やデューディリジェンス、カーボンフットプリントといった分野で新しい措置を含み、EUの他の同様

のイニシアチブにとっての青写真として今後の車両の規則にも反映される
と考えられる。

　また、この規則は、「欧州バッテリー同盟（EBA）」や、EUの電池産業
の競争力強化のための方策「欧州共通利益に適合する重要プロジェクト
（IPCEI）」とも連携する。「欧州バッテリー同盟」は、欧州で2017年10月
に立ち上がった電池産業のイノベーション創造のための産官連携プラッ
トフォームで「バッテリーパスポート」の導入を推進している「グローバル
バッテリーアライアンス（GBA）」とも連携している。EBAは、電池の製
造サプライチェーンやリサイクルにおいて、LCAの観点で、環境負荷の
軽減とその実現を図るEU域内産業を発展させるための施策であり、また、
IPCEIは、EU域内の複数加盟国が関与する重要投資案件に対する国家補
助プログラムであるという意味で、欧州電池規則は、これらと合わせて規
制と補助を組み合わせた欧州の産業競争力を強化する政策と見て取れる
（第1章－2参照）。

企業に求められるのは何か？

制度化が必要

　このように、サプライチェーンを通したカーボンフットプリント削減政策が加速するなか、その実効性を高めるためには、LCAを公正に比較可能な指標として可視化する必要がある。現状、自動車の製品LCAは、開示の有無や、計算・開示方法が自動車メーカー（Original Equipment Manufacturer：OEM）や製品によってまちまちであり、比較は困難である。そこで、図表0－4のように、統一的なLCAの方法論に向けて、どのような制度設計にするのか、各サプライチェーンの具体的な算出アプローチはどうするのか、サプライチェーン全般にわたって効果的に公正妥当な算出を支えるインフラはどうするのか、といった議論がなされており、①算出の対象範囲（ライフサイクルのバウンダリ）、②「活動量」の測定方法、③排出量原単位、④データ流通基盤などを、比較可能性を担保するように標準化することの必要性が認識されている。

　この議論には、さまざまな団体やステークホルダーが関与して検討が進んでいる。たとえば、バウンダリに関しては、「Determining the environmental impacts of conventional and alternatively fuelled vehicles through Life Cycle Assessment」（2020, Ricardo Energy& Environment）や、「Effects of battery manufacturing on electric vehicle life-cycle greenhouse gas emissions」（2018, ICCT）によると、バウンダリを広げるほど、ICEVに対するBEVのGHG排出量の差は縮小し、LCAでは環境負荷においてBEVの優位性が小さくなるものの、BEVの環境負荷の基準と

してはLCAを使用すべきであるとの考え方を示している。使用量・活動量に関しては、「原材料調達・生産段階」「流通段階」「使用段階」「使用後処理段階」それぞれの議論があるが、たとえば欧州電池規則案が計算ルールに反映することとしている「PEFCR（Product Environmental Footprint Category Rules）」でも、各段階でのパラメータの設定方法には議論の余地があり、その明確化が課題となっている。LCIデータ（原単位当たりの環境負荷量、インベントリデータ）に関しては、LCIA手法が使用すべきデータベースを示してはいるものの、図表0－5のように、そのデータベー

■図表0-4　製品LCAに関して議論が行われている論点の例

制度対応			●算出方法：ISO14040／14044をはじめ業界で検討されている各種手法への対応 ●基準に即した開示：燃費規制、排ガス規制からの移行 ●欧州電池規則など先行するライフサイクル規制対応 ●LCA規制導入に向けた対応（基準適合、製品・市場ポートフォリオ、調達戦略など）
各サプライチェーンの算出アプローチ	部品／素材	電池	●電池メーカーと連携した基準に準拠したCO₂eデータの入手 ●BMSからのデータ取得とライフタイムトレース
		他部品・素材	●自社データシステム（ERP、BOM、PLMなど）との連携のあり方 ●素材別算出データの集計（生産地の原単位、製造ロス分の排出量、混流生産の製品別配賦なども考慮）
	組立・輸送		●サプライヤーからの輸送、工場内での組立工程、ディーラーへの輸送まで含めたCO₂eデータの取得と製品配賦
	利用・メンテ		●ライフタイム走行距離、エネルギーミックスの想定 ●Fraunhofer MDS（Mobility Data Space）などとデータ連携した利用シーンごとの算出 ●多様化するメンテナンス部品のLCAの把握と算入
	廃棄		●解体・粉砕・焼却／埋立、リサイクルなど段階ごとのCO₂eの算定方法 ●サプライチェーン下流のトレーサビリティの難しさへの対応
サプライチェーン全般			●WBCSDのPathfinder Frameworkなども踏まえた算出方法の標準化 ●欧州Catena-Xなどに対応した使用量データのフォーマットやインターフェイス ●GLAD（The Global LCA Data Access network）などに対応した原単位データ活用 ●外部データマーケットプレイスなどのデータ流通プラットフォームの活用や認証基盤との接続

■図表0-5 LCAの算出に関わるさまざまな拠り所

LCIA手法	インベントリ データベース	データ 流通基盤	規格・認証・ ガイドライン	計算ツール
EDIP	ecoinvent	Catena-X	GHG Protocol	多くのツールが 導入・開発中
CML	GaBi	Mobility Data Space	Pathfinder Framework	
ReCiPe	ELCD	GAIA-X	Battery Passport	
TRACI	Base Carbone	MOBI	EPD	
IMPACT	USLCI	⋮	ISO 14064〜67	
AADP	CEDA Factors		PAS2050	
LIME	EPD		⋮	
USES-LCA	IDEA			
⋮	⋮			

注：LCIA手法は以下の略
EDIP：Environmental Development of Industrial Products（デンマーク工科大学のInstitute for Product Developmentが開発）
CML：Centrum voor Millikunde Leiden（オランダ・ライデン大学が開発）
ReCiPe（オランダ国立公衆衛生環境研究所が提唱）
TRACI：Tool for the Reduction and Assessment of Chemical and Other Environmental Impacts（米国EPAが提唱）
IMPACT（スイス連邦工科大学が提唱）
AADP：Anthropogenic stock extended Abiotic Depletion Potential（L. Schneider, M. Berger, M. Finkbeinerが開発）
LIME：Life-cycle Impact Assessment Method based on Endpoint Modeling（経済産業省／NEDO／一般社団法人産業環境管理協会による日本のLCA国家プロジェクトにて開発）
USES-LCA：The Uniform System for the Evaluation of Substancesadapted for LCA（オランダ・ラドバウド大学のMark A J Huijbregtsらが開発）
出典：Life Cycle Impact Assessment（2015、Michael Z. Hauschild、Mark A.J. Huijbregts）、SuMPO「第三者認証スキーム検討委員会」資料、環境省 「サプライチェーンを通じた組織の温室効果ガス排出等の算定のための排出原単位データベース（ver3.1, 2021年）」、LCA日本フォーラムなどに基づきPwC作成

スや、LCA手法、算出方法自体もさまざま存在するため、手法や拠り所を記載する形態が取られている。それでも算出結果の比較可能性を考えると、統一化の必要性があると考えられる。LCAガイドラインに関しては、たとえばWBCSD（持続可能な開発のための世界経済人会議）のPathfinder Framework（2021年）や、日本でも「サプライチェーンを通じた温室効果ガス排出量算定に関する基本ガイドライン（ver.2.3）」（2017年、環境省経済産業省）などでもガイドラインが示され、方向性は定まりつつあるものの、比較可能なレベルに収束させていく余地がまだある。

企業間のデータ連携・情報連携が必要

　どのような方法においても、サプライチェーンに参加するステークホルダーからのデータの提供が前提となるのだが、サプライチェーン参加者においては、データや情報の守秘性、セキュリティ、フォーマット統一や接続の手間が課題として指摘されており、連携基盤のデータガバナンスが重要となってくる。

　そこで、LCAに関するバリューチェーンの各段階や各参加者における対応・活用を幅広く支えるために、たとえば、社内においては、既存のBOM（部品表）やMES（製造実行システム）、PLM（製品ライフサイクル管理）、ERP（企業資源管理）などのシステムとの連携基盤に加え、ライフサイクルデータをダッシュボード化して評価し対応策を検討できるシステム、また、基準認証や情報開示に対応する仕組みが必要となる（第1章－7、第2章－2、第2章－3参照）。

　また、社外データとの連携に関しては、サプライチェーンの上流・下流のライフサイクルデータとつないで各種プロセスを実行できる仕組みの構

築や、下流においては各種サービスプロバイダーを含むエコシステムステ
ークホルダーへの関連データの提供や、活用の仕組みの構築が必要となる。
さらに、それらのプロセスを支えるための、さまざまなステークホルダー
のデータを流通・交換するオープンなデータ基盤(第1章－1参照)とのデ
ータ接続・連携や、データの開示や取り扱いに関する社内規定（データガ
バナンス)と制度の整合性、さらに制度に適合したプロセスに基づく算出・
評価モデルの構築が必要となる。

■図表0-6　バリューチェーンのLCA対応のイメージ

				OEM観点でのバリ⁼
	企画	設計・開発	調達	生産
GHGプロトコル (WRI/WBCSD)			Scope3（上流）	Scope1&2
各バリューチェーン の対応(例)	ライフサイクルVC 全体設計	エコデザイン (環境適合設計) への対応	LCA対応部材調達	ゼロエミッション& 省エネ工場
	サステナブル ビジネス企画	LCAのPDCAサイク ルの構築	サプライヤーに おける LCA対応加速	エネルギー調達 最適化
	LCA最適化の製品 ×市場戦略	リサイクル材の 活用	CO$_2$排出量や 国境炭素税を 踏まえたSCM	立地最適化& 内外製最適化
バリューチェーン 横断の対応(例)	内部データ連携(BOMやERPと連携したライフサイクルデータ管理プロセス／算出・評価			
	外部データ連携(データ流通・交換基盤／データセキュリティ&ガバナンス)			
	サーキュラーエコノミービジネスモデル			
	ネットゼロスマートシティ			
	カーボンクレジットなどによるオフセット			

バリューチェーン全体の見直しが必要

　LCAへのさまざまな対応が迫られる一方で、それを活用してLCAにおいて競争力を強化する機会がサーキュラーエコノミーにとどまらず拡大してくる。

　図表0-6は、バリューチェーンのLCA対応のイメージを整理したもので、GHGプロトコルのScope1、2、3が関連するバリューチェーンの

チェーンのLCA対応

販売	利用	中古車	リサイクル
Scope3（下流）			
販売機能の最適配置	稼働率最大化によるアセット効率向上	LCAに基づく製品ライフタイムマネジメント	リサイクルサプライチェーン構築
LCA観点でのリーンディストリビューション	再エネV1G	LCAに基づくプライシング	リユース、リマニュファクチャリングなども含む最適化
サブスクリプションによるデータトレーサビリティ	V2Gによるカーボンオフセット	リノベーション商品化	リサイクル部材販売によるオフセット

システム／基準認証対応／開示）

各種シーンにおいて、さまざまなLCA対応策や競争ポイントを示している。

企画段階：バリューチェーンのライフサイクルを通したLCA対応策の全体像を設計するとともに、事業の現場との対話を通したLCAを考慮した新たなビジネス構想を企画・決定する。また、新規事業を含む事業全体を考えて、製品・事業の選択や、展開市場の抽出など、従来のPMS（Product Market Strategy：製品市場戦略）の枠組みに加え、LCAの観点からサプライチェーンまで含めて最適化を図ることも求められる。

設計開発段階（第2章−4参照）：EUのエコデザイン指令2009/125/EC（ErP指令）などへの準拠が必要となってくる可能性に加え、LCA観点で、素材・部品構成や、ユースケースからリサイクルまでを想定した環境適合設計を進める。サプライチェーン上流の産業・企業の動向や、製品の使用環境、製造プロセス、技術動向などがLCAやその改善策に与える影響も考慮した上、完成品の性能、モジュール構造（製造面のモジュールや、使用時の交換可能モジュールなど含め）、どのような素材・部品で構成するのかなど、環境変化に対応したフィードバックループやシミュレーションを含むPDCAサイクルを組み込んだ設計を行う。さらに、リサイクル材を前提とした設計や、リサイクル材の供給状況（自ら供給者となる場合も含む）を踏まえたロードマップに基づいて開発を進めることが求められる。

素材や部品の調達段階（第2章−4参照）：LCAに準拠した評価制度の導入により、数万点ある自動車部品1つ1つの生産から廃棄・リサイクルにおける環境負荷まで包括的に考慮して、部品・素材や調達先を選定する。サプライヤーに対しても、サプライチェーン上流まで遡って、CO_2排出量の削減など環境負荷軽減を求めることになるため、目標管理やデータプラ

ットフォームの構築などの各種支援施策を提供することが必要になる。また、個々のサプライヤーにLCA対応を求めるだけでなく、生産地やエネルギーミックスによって異なるCO_2排出量がLCAに及ぼす影響や、それに伴う国境炭素税などのコスト要因も踏まえた、サプライチェーン（上流）全体を見直すことで最適化を検討する。

製造段階（第2章-3参照）：環境負荷低減強化策として、廃棄物や環境負荷排出物を極小化（カーボンオフセットを含む）する工場のゼロエミッション化に加え、製造工程におけるエネルギー消費量の削減と、使用電力の調達最適化（自社での再生可能エネルギー内製化を含む）を推進する。近年、カーボンクレジットを活用し排出ガスを相殺することで、完全なカーボンニュートラルを実現している自動車工場も登場してきている。また、上流の外部サプライチェーンと同様に、自社サプライチェーンの立地最適化は必須であり、内外製最適化や地産地消の内容最適化を含めたグローバルサプライチェーンの最適化に取り組む必要がある。

販売段階：ディストリビューションやアフターサービスのプロセスにおけるCO_2排出量の削減には、ショールームや在庫、サービス、中古車やモビリティサービスステーションなどの機能の最適配置に加え、販売関連アセットの稼働率を高めて無駄を最小限に抑え、同時にROA（Return On Assets：総資産利益率）を高める効率性や、ルート最適化による無駄を省いたリーンディストリビューションの再構築の必要もある。再生可能エネルギーの活用も重要になる。販売プロセスは、トレーサビリティが難しくなるサプライチェーン下流のカテゴリーに分類されるが、たとえば、サブスクリプション型の製品提供によりデータコネクティビティを確保するこ

とで、車両や使い方、メンテナンス状況のトレーサビリティ確保が容易となり、LCA対応やライフタイムを通した顧客満足度の向上を図ることができる。

製品の利用段階（第2章‐6参照）：LCAは、燃費規制や排ガス規制の発展形としてWell to Wheelでの環境負荷軽減を考えた場合に重要なポイントとなる。企画や設計開発段階において高いエネルギー効率を目指すことはもとより、今後BEVにおいては、コネクティッドのデータ活用やサービスプロバイダーとの連携を深めることによって、車両や搭載バッテリーの稼働率を最大化（モビリティサービスやエネルギーサービスなどで使用する合計時間を最大化）させ、つまり、モビリティアセット効率を向上させることにより、製造段階での環境負荷（CO_2排出量）を希釈化することも求められるようになるだろう（これにはLCAへの反映方法の検討といった課題も残る）。BEVを充電する際には、再エネ由来など環境負荷の低い電気を活用し、また、充電タイミングを制御するなどにより、ピーク対応の環境負荷発電の使用を減らすようなスマートチャージング（充電の最適化）を取り入れることも必要である。また、V2H（Vehicle to Home）、V2B（Vehicle to Building）のように、末端におけるエネルギーの使用・貯蔵を最適化するようなシステムの導入も加速する必要がある。さらにV2G（Vehicle to Grid）によって、再エネを含む電力グリッドの安定性への貢献によるカーボンオフセットおよび収益事業化による普及を通したLCAの改善も求められる。

中古車：LCAの実施にあたっては、製品やその構成部品・材料のライフタイムを通じた取り組みが必要であり、中古車の場合も同様に、LCAデ

ータの活用とともに、中古車としての製品魅力を高めることによる製品寿命の長期化が求められる（ただし製品寿命長期化はそのLCAへの組み込み方法が課題）。LCAのデータを製品の使用段階まで通してトレースすることができれば、データに基づく車両（搭載する電池を含む）のライフタイムでの価値変動が把握可能となり、価値の最大化に向けて使用環境や使用方法をマネジメントできるようになる。また、そのデータを活用することで、車両価値に特に大きな影響を及ぼす（かつ、外形的には性能評価が難しい）搭載電池の評価が可能となり、市場データと組み合わせてLCAに基づく中古車プライシングの最適化も可能となる。LCAデータをもとに、特定部品の交換やリノベーションによってコストパフォーマンスを高める再商品化が容易になるなど、稼働率が最大化されることで、LCA対応のためのデータマネジメントが事業機会につながる可能性も増えることが期待される。

リサイクル：「サーキュラーエコノミー」ビジネスモデルの一角を担うリサイクルに関しては、これまで十分なマネジメントがされてこなかったリサイクルサプライチェーンを、価値の大きな電池を中心に構築し、資源循環による環境負荷軽減や、サプライチェーンセキュリティの強化、そして再価値化が、LCAの観点からも重要となる。車両や部品レベルで再利用が可能な、リサイクルの前にリユースやリマニュファクチャリング（リビルト）商品化することで、ライフタイムバリューの最適化・最大化を図ることができる。車両のまま中古車として流通する他、搭載されていた電池や部品を再整備して交換用部品として再販・利用したり、周辺部品を加え整備して多用途で使用したりする他、それまでの使用状況に関するデータや製品・部品に関するデータを活用した性能保証に基づく最適利用を図るこ

とが可能となる。さらに、リサイクル部材販売は、プロセスの発展を通じて収益化に貢献するだけでなく、電池素材としての提供によりヴァージン材製造までのサプライチェーンにおける環境負荷やCO_2削減を条件とすることで、カーボンクレジットを通じたオフセットも有効となってくる。

新たな戦略展開の可能性が広がる

　各バリューチェーンでのイノベーティブな取り組みに加え、サプライチェーンをつなぐデータ基盤が整備されてくると、たとえばバリューチェーン横断で施策を組み合わせてつなぐ取り組みとして前述の「リサイクル」の項目でも触れた「サーキュラーエコノミー」のようなビジネスモデルの可能性も高まってくる（第2章−9参照）。たとえば、使用する原材料を、ナチュラル・リソースからサーキュレーティッド・リソースへ代替することで、GHG排出量の削減が可能となる。さらに、BEVのライフタイム全体で資源の価値向上を図るために特に重要となるのが、「原材料革新」「生産地選定」「製品寿命の長期化」「稼働率向上・用途最適化」「回収＆再生」といったテーマであり、LCAのサプライチェーントレーサビリティを活用したビジネス拡大の余地が大きくなる。

　こうした「サーキュラーエコノミー」のビジネスモデルにも活用される、車両やバッテリー、モビリティ・エネルギー市場のデータを統合したデータ基盤、LCAトレーサビリティを確保するコネクティビティによって、電池やBEVのビジネスオペレーションの高度化も進むだろう。さらに、そうしたデータ基盤は、新たなサービスの開発やデータ取得、制御のためのデバイス開発にも活用されていくことで、産業全体の活性化が進むと考えられる。

　このようなビジネスモデルの領域拡張の方向性としては、「ネットゼロシティ」（第2章−7参照）「ゼロカーボンシティ」（第2章−8参照）のように、エリア単位で、さまざまな他の業界からのデータとも連携し、最適化・事業化の範囲を拡大するとともに、環境負荷の小さいエネルギーの生産・共有や、アセットの融通による資源効率の向上といった取り組みの拡大も期待されている。また、バリューチェーンにおけるCO_2排出量削減の努力の効果が出るまでの間、または構造的に十分な削減が達成できない場合には、バリューチェーン外でのカーボンクレジットなどによるカーボンオフセットを図ることも有効な手段となる（第1章−5、第1章−6参照）。日本ではJクレジットやJCMといった政府系のクレジットに加え、民間の各種ボランタリークレジットスキームにも注目が集まっている。

ⅰ）ドイツのアゴラ・エナギーヴェンデと英国エンバーによる共同発表　EU Power Sector in 2020，https://ember-climate.org/insights/research/eu-power-sector-2020/

活発化するLCAをめぐる動き

欧州におけるLCA制度化の動向と新しいデータ活用時代の到来

注目される「製品LCA」に基づく環境評価

　ガソリン車などの従来の内燃機関車（ICEV）におけるCO_2排出量削減の規制分野は、部品製造、車両製造、燃料製造、利用・走行、回収・リサイクルというサプライチェーンのなかで、主に利用・走行時の排出量規制が中心であった。いわゆるTank to Wheelという、テールパイプ（排気システム）から直接排出されるCO_2を減らすことに、自動車産業はこれまで注力してきた。

　ところが、欧州を中心に自動車の電気自動車（BEV）化が進むと、状況が変わる。BEVでは、利用・走行におけるCO_2排出量はゼロである。規制をかけるならば、部品製造から回収・リサイクルまでのサプライチェーン全体のCO_2排出量で評価しなければ意味がない。つまり、ICEVからBEVに製品が変化したことで、CO_2排出量削減の視点は、LCAへと変化する。車両の変化で潮目が変わりつつあるのだ。

　LCAは、資源採取—原料生産—製品生産—流通・消費—廃棄・リサイクルまで製品ライフサイクル全体における環境負荷を評価する考え方で、企業または事業所全体を評価する「組織LCA」と、車種ごとに製品を評価する「製品LCA」の2つに大別できる。

　「組織LCA」は、組織（企業）や事業所単位のサプライチェーン全体の環境評価であり、企業価値向上や株価向上などの観点でこれまでに自動車メーカー（OEM）やTier 1（一次請け）サプライヤーで導入が進む。温室効果

ガス（GHG）排出量の算定方法は、投資家による企業ごとの環境施策の横比較ができるよう、GHGプロトコル（Scope 3）に従ってグローバルでスタンダード化されている。具体的な組織全体のCO_2排出量算定方法としては、SBT[ⅰ]、CDP[ⅱ]、RE100[ⅲ]などのグローバル・イニシアチブが推奨されている。

　一方の「製品LCA」は、組織LCAと同様に原料調達から廃棄までのサプライチェーン全体の環境評価ではあるが、製品個々の環境性能を評価するため、評価が製品売上に直結しうる。EU規定のGHG排出規制に関わる指令では、車種ごとのライフサイクル排出量算出を目指している。また、GHG排出量の算定方法では、製品やサービスがライフサイクルを通じて環境に与える影響を定量的に分析する手法として、国際標準規格ISO14040/ISO14044が用いられるが、詳細な基準が明確ではないという課題も存在する。

　2つのLCA概要について述べたが、自動車のBEV化加速とともにLCAの着眼点は「組織LCA」から「製品LCA」へシフトしつつある。企業単位のGHG排出量では、製品ポートフォリオや生産台数などに依存するため、環境性能を単純に比較できず、良し悪しを判断することが難しく、また上限値などの規制もかけにくい。継続的な排出量改善に目を向ければ、製品単位でLCAを評価することが必要となる。「製品LCA」は「組織LCA」に比べて計算・管理の難易度は高くなるが、環境性能を向上させるために何を改善すべきか、一歩踏み込んだ議論が可能になる。それが「製品LCA」が重視される理由である。

先行する欧州におけるLCA関連規制

　近年、LCAへの取り組みで先行する欧州では、利用・走行時のGHG排出量規制に加えて、「LCA」視点で規制化する動きが活発になっている。

　現在、利用・走行時のGHG排出量（テールパイプからのGHG排出量）に関しては、乗用車と小型商用車のCO_2排出基準を定めた規則「Regulation（EU）2019/631改正」によって、BEV化を加速させる非常にアグレッシブな規制導入が進む。乗用車の場合、2025年までに「15%減」（2021年比、以下同）、2030年までに「55%減」、2035年までに「100%減」が義務付けられ、実質的に2035年には、ICEを搭載している乗用車（ハイブリッド・プラグインハイブリッドを含む）は販売できなくなる。

　上流である原料調達では、EU域外からの素材調達に対し、CO_2排出量に応じた炭素税を課す炭素国境調整措置（Carbon Border Adjustment Mechanism：CBAM）も導入に向けた議論が進む。規制はセメント、鉄・鉄鋼、アルミ、電力などが対象となり、欧州域外で生産された炭素効率が悪い素材が輸入される「カーボンリーケージ」を防ぐ狙いがある。

　リサイクルにおいては、「ELV指令改正」が検討されている。直接のGHG排出量規制ではないものの、マテリアルベースでのリユース・リサイクルの目標設定、リサイクル材の使用義務化、トレーサビリティ強化など、LCA視点での環境負荷軽減が検討されている。

　また、部品に対するLCA規制として、BEVの主要部品であるバッテリ

ーを規制する「欧州電池規則」の導入も着目されている。2020年12月に欧州委員会で採択され、2022年3月に欧州連合理事会で採択された規則案では、まずカーボンフットプリントの記載義務が規定される。2024年から申告が始まり、ライフサイクルの段階ごとにCO_2排出量を表示、技術文書で証明することが求められ、2025年にCO_2排出量の大小を識別しやすくする性能分類が始まる。そして2027年からライフサイクル全体でカーボンフットプリントの上限値が導入される予定である。電池規則は製品単位（部品という製品単位）でのGHG排出量規制のパイロットとなるが、業界団体を巻き込み、速度感を持って検討が進んでおり、欧州の本気度が読み取れる。

　電池規則では、バッテリー使用後のリサイクル率についても規制が予定され、リチウムイオン電池を対象に2025年に65%以上（比率はリサイクル材質量／電池質量）、2030年に70%以上のリサイクル率が求められる。さらに、バッテリー製造時のリサイクル材料の含有義務も定められる。リサイクル材料由来のコバルト（Co）、ニッケル（Ni）、リチウム（Li）などの量が最低割合を満たすことを示す技術文書を作成し、電池に添付する義務が発生する見込みである。2025年にリサイクル材の含有量表示が開始され、2030年に使用量の最低値（Co=12%、Ni=4%、Li=4%）が導入され、2035年にその最低値が引き上げとなる予定だ（Co=20%、Ni=10%、Li=12%）。含有量は、電池ごとに識別と追跡を可能にして、データベースで管理しなければならない。

　別の視点から電池規則を読み解くと、このリサイクル率、リサイクル材料の含有義務は、欧州に入る電池をリサイクルによるクローズドループ構築により欧州域内にとどめ、電池および電池資源を確保する狙いが見える。

バッテリー資源はアジアに多く存在し、地理的偏在があり、バッテリー資源に乏しい欧州ではICEVの石油のような轍を踏むまいと、BEVという大きな変化において戦略的に調達を進めたい背景がある。すなわち、欧州はBEVを先行させることで大量に電池資源をEU域内に流入させ、クローズドループにより資源をEU域内にとどめることで都市鉱山をつくり出し、資源競争に勝ち抜く、という戦略である。

　バッテリー資源が乏しいという面では日本も欧州と同じ状況だが、こうした欧州の電池規則が導入されると、日本で電池を製造して輸出する動きは不利になると考えられる。日本は欧州に比べ、電力構成によるCO_2排出量が不利であり（欧州は日本に比べ、再生可能エネルギー導入が進んでいる）、電力を大量に使用するバッテリー製造においてCO_2排出量を下げにくい。また、リサイクル材の使用率を上げるためには、製造する地域に電池自体が普及している（市場からリサイクル材を調達できる）必要があるが、北米や中国、そして欧州に比べてBEV普及が遅い日本市場はリサイクル材の調達が困難となることが想定されるからだ。これにより日系OEMは、製品のグローバル競争力を保つために現地生産の加速が避けられず、生産体制の見直しなどを迫られる。

　電池規則から車両全体での製品LCA規制に話を移すと、欧州では2023年をめどに製品LCAの計算方法の共通化や、規制範囲の明確化が行われる予定である。

　テールパイプGHG排出規制である「Regulation（EU）2019/631（改正案）」が2030年に役目を終えることなどに鑑み、車両全体での製品LCA規制は、2025年に法案公表、2030年に表示義務が実施され、その後、段階的に規制が導入されて、2035年頃までに完全に製品LCA規制へ移行するのでは

ないかと予測する。

　こうした規制の動きに先駆けて、OEMでは製品LCAの自主開示を進めている。しかしながら、算出の前提や表示方法はOEM間だけでなくOEM内でも車両モデルごとに採用される基準が異なるなど、基準の統一化には課題が多い。たとえば、生涯走行距離や燃費基準（WLTP[iv]やNEDC[v]）、利用電力の前提により、製品LCAの計算結果は異なってくる。

■図表1-1　LCA導入想定ロードマップ

	現在			
	Step0 （とにかく計算）	Step1 （計算の精緻化）	Step2 （規制の導入/監査強化）	Step3 （実績の反映）
	標準データ（LCI[1])）を活用し各社基準で計算	個社固有性を考慮し各社基準で計算	規制の導入とそれに伴う監査強化への対応	IoTデータによる川下実績反映
上流	●材料構成の共有 （図面の共有）	●LCA調達活性化 （LCAデータ共有）	●LCA組織・プロセスの構築 （認証取得など）	●工場などのIoTデータ取得拡大
OEM		●CO$_2$経済価値変換定義 ●製品LCAと組織LCAの整合 （配賦の導入など）	同上	同上
下流		電力構成／合成燃料比率の将来変化の考慮		●コネクテッドデータ活用 （データ追跡性向上）
共通	●LCIデータベースの拡充と統一	●データ交換PFへの参画／API構築	●標準計算ツールの導入 ●AI監査の導入 （ブロックチェーンもオプション）	●下流データ交換PFへの参画・API構築

1) Life Cycle Inventory

　こうした現状に鑑みて、製品LCA導入のロードマップはどのように想定できるだろうか。OEM主導での計算・開示が先行し（Step 0）、続いて計算精緻化が進み（Step 1）、計算の土台が整うと規制・監査導入（Step 2）、最終的に工場IoTやコネクテッドデータなど実績データ活用（Step 3）へとステップが変化していくと見込まれる（図表1−1）。

　現在に位置付けられるStep 0は「とにかく計算」という段階で、標準データ（LCIデータ＝原単位当たりの環境負荷量、インベントリデータ）を用いるなど、個社の個別努力は反映しにくいが、まずは製品単位で計算・開示するという動きをOEM各社が始めている。すべてのOEMが製品LCAを開示しているわけではないが、特定の車種や戦略的なEVに関して、製品LCAを計算し開示している。

　Step 1「計算の精緻化」では、サプライヤーの使用電力など製品ごとの個社固有性を考慮して計算が行われる段階に進む。ただ単に原単位データベースの数値を使うのではなく、実際の部品の調達先であるサプライヤーからの情報が必要となり、企業間でGHG排出量に関するデータ交換を行いながら、より精緻な計算が行われる。このフェーズに進むと、CO_2排出量も調達基準の1つとするLCA調達活性化が図られ、より実態に沿った製品LCA評価と、サプライヤーを巻き込んだ改善アクションが本格化する。

　Step 2「規制の導入／監査強化」では、規制という強い力を背景に、計算ルール準拠や監査などが求められ、製品LCAは普及フェーズに到達する。

　Step 3「実績の反映」では、データ活用範囲がさらに実績活用まで広がり、たとえば、工場のIoTデータなどをリアルタイムに取得することで改善サイクルを速めることができる。また、バリューチェーン川下ではコネクテッドデータを活用して、実際の使われ方を把握することで、自動運転や最適充電などと組み合わせた高度なLCA最適化を実現できる。

データ流通基盤の台頭

　先に述べた製品LCAのロードマップStep 2に該当する「計算の精緻化」では、データ流通基盤の活用がキーとなる。製品LCAの計算にはサプライチェーンの総和計算が必要で、精緻化には各社の固有数値の共有が不可欠となるが、それらをすべて個別に企業間で取引するのは非効率である。一方、特定のプラットフォーマーが主導するデータ集中管理型は、秘匿性やデータ独占の視点から各企業は避けたい意向がある。このような背景により、分散管理型のデータ流通基盤への期待値が高まりつつある。

　すでに欧州では、モビリティに特化した分散管理型のデータ流通基盤である「Catena-X」が立ち上がる。2021年3月に、ドイツの自動車OEMを中心に設立されたもので、自動車業界において安全な企業間データ交換を目指すコンソーシアムである。Catena-Xには主要なドイツOEMが揃う他、サプライヤー、アプリケーションベンダーや通信・ITベンダーなどが広く参画し、日系サプライヤーもそのなかに含まれる。カーボンニュートラルに向けたトレーサビリティやCO$_2$排出量データ取引など、具体的な案となるユースケースを定義し、実証実験を開始している。

　このCatena-Xの土台には、2020年6月にドイツ主導で立ち上げられた欧州統合データ基盤プロジェクトの「GAIA-X」がある。GAIA-Xの目的は、欧州域内外の企業が業界横断的なデータ交換を容易にして相互運用を実現することにある。欧州外の巨大プラットフォーマーに依存せず、欧州独自のデータインフラを構築することを目指したデータ主権の考え方が根底に存在し、データ流通の分野でも欧州は戦略的に動いている。

■図表1−2　欧州が推進するモビリティのデータ利活用アーキテクチャ

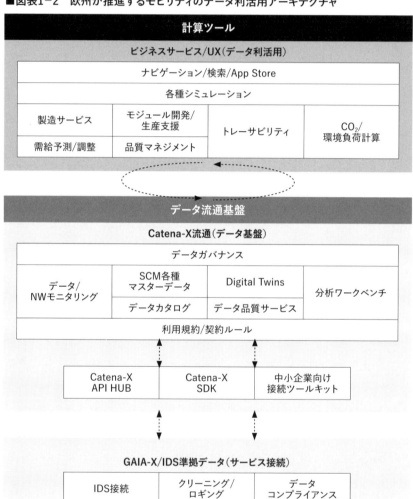

出典：Catena-X、GAIA-Xの公開情報他、PwC作成

　さらにバリューチェーンの川下では、2021年10月にドイツ政府が主導して立ち上げたMDS（Mobility Data Space）がある。Catena-Xが主に部品製造や車両製造・リサイクルなどの製造事業者を対象としているのに対し、MDSでは燃料製造や利用・走行を含むモビリティにおける社会インフラが主な対象範囲となる。

　BEVの充電や今後拡大が見込まれる自動運転やモビリティサービスなど、社会インフラから生まれるモビリティ関連データ量は計り知れず、カーボンニュートラルをトリガーに、データ流通基盤を用いた新しいデータ活用時代を迎えようとしている（図表1－2）。

攻めのカーボンニュートラル

　カーボンニュートラル規制によりデータのオープン化が加速すると、データ流通プラットフォーム（PF）が"つくり方、売り方、稼ぎ方"を変革する可能性がある。バッテリーやEV製造から、EV販売・リース、EV運用まで、業界共通の管理体制やルールに基づいて、CO_2排出量やバッテリー情報などを記録・共有するトレーサビリティPFができれば、規制対応にとどまらず新しいビジネス価値を生むこともできる。たとえば、中古車流通プレーヤーがバッテリートレーサビリティ情報を入手できれば、バッテリーの劣化情報によって正しい中古車流通価値が算定可能となり、消費者は中古BEVを安心して購入することができる。このように環境負荷低減だけでなく、新しいビジネスの可能性が生まれうる。

　データの利活用については、データ利用者や提供者の視点だけでなく、データ流通プラットフォーマーやデータ流通協議体などのオープン動向を捉えることも重要になる。

　たとえば、欧州であれば前述のCatena-X、GAIA-X、日本であれば戦略的イノベーション創造プログラム（SIP）の分野間データ連携基盤がそれに該当する。大きな変化の意図を理解して、活動の動向をセンシングし、自社への影響や戦略的な流通PF活用を検討することが必要と考える。

　また、データ流通基盤を含めたモビリティエコシステム形成においては、オープン＆クローズ戦略の重要性が増すことも想定される。たとえば、欧州の巨大ERP（Enterprise Resource Planning：企業資源計画）システムベンダーなどでは、データ基盤の構築・標準化の推進をリードする（オープン）一方、そのナレッジを活用して自社製品との接続性を先行的に確保しながら、自社ERP製品のさらなる拡大を狙う（クローズ）といった動きが読み取れる。

　前述したようにBEV化が地産地消を加速させる可能性を含め、日本にはカーボンニュートラルを実現するための課題が山積みである。サプライヤーは技術を軸に、自動車産業以外の新産業ピボット（宇宙産業やロボット産業など）を検討することも必要になるだろう。一方、日本は欧州を基点とした大きな動きに対して受け身にならず、グローバルでの電池サーキュラーエコノミーシステム・サプライチェーン構築に積極的に関与し、新しいデータ利活用の可能性、新しいビジネス機会を模索することが重要だと考える。

ⅰ）SBT：Science Based Targetsは温室効果ガス削減目標の指標の1つ。2015年に採択されたパリ協定が求める「2℃目標（1.5℃目標）」の水準と整合した、企業が設定する目標。
ⅱ）CDP：2000年に英国で設立された非営利組織。企業や自治体などが自らの環境影響を管理するための、気候変動対策、水資源保護、森林保全などの環境問題対策に関する情報開示システムを運営。
ⅲ）RE100：「Renewable Energy（再生可能エネルギー）100％」の名の通り、事業運営を100％再生可能エネルギーで賄うことを目標とするイニシアチブ。
ⅳ）WLTP：Worldwide harmonized Light vehicles Test Procedures（乗用車などの国際調和排出ガス・燃費試験法）。
ⅴ）NEDC：New European Driving Cycle（新欧州ドライビングサイクル）。

欧州電池規則のインパクト

欧州電池規則とEUの狙い

　欧州電池規則とは、EU域内で製造・使用・リサイクルされるバッテリーに向けた、バッテリーライフサイクル全体に関わる規制である。2020年12月に欧州委員会で規則案が採択され、2022年3月には欧州議会本会議で、より厳格化された修正案が採択されている。2022年7月現在では、欧州連合理事会で審議が行われ、法案化に向けた最終調整の段階に入っている。

　この規則において、特に以下の3つの規則に注目する必要がある。1つ目は「カーボンフットプリントの記載」、2つ目は「最低リサイクル率の規定」、3つ目は「リサイクル材料の含有義務」だ。

　まず、「カーボンフットプリントの記載」とは、調達から製造、廃棄に至るまでのバッテリーライフサイクルを通じたCO_2排出量を測定し、表示することである。2024年7月から製造情報やCO_2排出量などの申告、2025年にCO_2排出量の大小を識別しやすくする性能分類を開始し、2027年7月からライフサイクル全体でのカーボンフットプリントの上限値を導入するという内容である。

　2つ目の、「最低リサイクル率の規定」とは、リサイクル業者に課される規制として一定水準以上の資源回収率が要求される。その比率はリサイクル材質量／電池質量で計算が行われ、2025年に65％以上、2030年に70％以上とされ、この他に元素ごとのリサイクル率の規定もある。

　3つ目の、「リサイクル材料の含有義務」とはリサイクル材由来のコバル

ト（Co）やニッケル（Ni）、リチウム（Li）などの量が最低割合を満たしていることを示す技術文書を作成、電池に添付しなければならないというもの。具体的には、2025年にリサイクル材の含有率の表示を開始、2030年1月から使用率の最低値（Co=12％、Li＝4％、Ni＝4％）が導入され、2035年には（Co=20％、Li=10％、Ni=12％）となる。また電池ごとに識別と追跡を可能にして、データベースで管理しなければならない。

　いずれもバッテリーメーカーや自動車メーカー（OEM）のサプライチェーンに深く関わる問題であり、対応が迫られることになる。このように、OEMやバッテリーメーカーに負担を強いるような厳格な規制が策定される背景には、EUの安全保障政策に紐づいた経済政策がある。さらに、車載バッテリーが規則の中心として取り上げられる理由としては、CO_2排出に大きく影響する自動車産業のなかでも、特にバッテリー製造によるCO_2排出量が多いこと、また、欧州でも自動車産業は多くの雇用を生み出しており、制度面から産業保護を行う意図もある。

　たとえば、EUが自動車産業を発展させていくと、EU域外の産油国に石油（エネルギー）を依存することになる。その依存を解消するために、電気自動車（BEV）化を進めるわけだが、そのBEVのコアになるのがバッテリーである。車両価格に占める割合が高く、BEVの性能を左右する重要な部品であるが、主要なバッテリーメーカーは中国、韓国、日本などEU域外にあり、せっかく石油依存を解消してBEV化を進めても、今度はバッテリーをEU域外に依存することになる。石油がバッテリーに変わっただけで、依存の構図は変わらない。

　そこでEUが自律的に動いていけるように考えられたのが、欧州電池規則なのだ。

　たとえば、「カーボンフットプリントの記載」という規則をつくると、製造時・輸送時のCO_2排出量が見える化される。バッテリーは製造段階で多くの電力を消費するが、エネルギーミックスに占める再生可能エネルギーの割合が低い国で製造された場合、CO_2を多く排出したバッテリーとして認定されてしまう。また、輸送時も遠方からの輸入には多くのCO_2を排出するため、EU以外での生産は不利な条件を課される。そうなると、グリーン電力の割合が多く、エネルギーミックスが進む欧州域内でバッテリー製造を行うほうがCO_2排出量が少なく、CO_2に関する他の規制との組み合わせにより、EU産のバッテリーが有利になる。また、「最低リサイクル率の規定」や「リサイクル材料の含有義務」などの規則は、欧州域内にいったん入ってきた貴重な鉱物資源を逃さずに使い回すためのルールとなる。

　つまり欧州電池規則とは、エネルギーをEU域外に依存しないためのルールづくりであり、EUの安全保障政策に紐付いた経済政策と言ってもいい。

　では、EU域外のバッテリーメーカーは、こうした動きにどのように対応していけばよいのだろうか。すでに中国や韓国のメーカーは、EU域内にバッテリー工場の建設を進めており、現地でも雇用が増えるため、積極的に工場誘致を図るという流れも出てきている。

　日本の場合、再生可能エネルギーの割合が少ないため、エネルギーミックスという観点では非常に不利な状況にある。バッテリーを製造する段階で、いかにしてCO_2の排出量を削減できるか。日本全体でエネルギーミックスを推進するのが困難だとしても、ある一定の地域に限定してグリーン電力化を図ることは可能だ。たとえば、ゼロカーボンスマートシティを構築し、工場単位でCO_2排出量を削減していく方法も考えられる。

　欧州電池規則はまた、欧州全体のデータプラットフォームづくりとも

密接な関連がある。今、欧州では、サプライチェーンを管理するために、「GAIA-X」「Catena-X」などのデータプラットフォーム戦略が検討されている。特にCatena-Xは、自動車産業に関わるドイツ系企業が多く参加するプラットフォームで、そこではサプライチェーン管理などに用いるデータ交換の標準策定を進めている。

　なぜCatena-Xなどのデータプラットフォームが必要になるのか。たとえば、欧州電池規則の「リサイクル材料の含有義務」の項目で、バッテリーメーカーがリサイクル材料であるコバルトの含有率を表示しても、その数値が正確なものかどうか、誰も判断することができない。サプライチェーン全体でデータのやり取りをしなければ、データの信頼性が生まれない。電池の材料の採掘から運搬、製造に至るまで、サプライチェーンに関わるすべての企業がプラットフォーム上に乗ることで、初めて情報の正確性が担保される。Catena-Xは、そのためにも必要なプラットフォームなのだ。規制や法律が、ただの制度で終わってしまっては意味がない。プラットフォーム戦略は、制度を実体化するための手段。つまり欧州全体が連携して、規制を実効性あるものにする取り組みが進められている。

欧州の戦略に応じた日本の対応

　こうしたバッテリーLCAをめぐる国際的動向に対して、日本では経済産業省や業界団体を中心に対策が進んでいる。

　たとえば、経産省の「蓄電池産業戦略　中間とりまとめ（案）」では、蓄電池の国際競争力の強化に向けた３つの領域として、サステイナビリティ、GX（グリーン）、DX（IoT・データセキュリティ）をあげ、特にDXは新領域として定義されている。

　欧州電池規則に対応するという観点では、欧州の取り組みを参考に、DXに注目したい。EC初期より、個別企業によるトレーサビリティ確保に向けた取り組みが推進されていたが、近年では国主導で「DATA-EX」という産業間横断のデータプラットフォームや、「CIOF」という製造業でのデータプラットフォーム、「WAGRI」という農業系のデータプラットフォームが検討されている。そのなかでも、DATA-EXはデータ活用の中心的な存在で、欧州データプラットフォームとの接続も予定されるなど、協力体制が進みつつある。

　欧州のなかでサプライチェーンが完結しているバッテリーメーカーであれば、Catena-X上で情報をやり取りすることで、どの過程でどの程度CO_2が排出されたかは把握できる。ところが、日本のバッテリーメーカーが欧州にバッテリーを輸出したいと思った場合、Catena-Xに情報が上がらないために、正確な数値を出すことができない。その際、たとえばDATA-EXが日本の標準となり、そこにサプライチェーンの各企業が参画し、欧州のデータプラットフォームと接続すれば、欧州とのデータ交換は可能になるだろう。

　とはいえ、日本のこれまでの活動には、欧州のようなルールメイキングの視点が欠けている。たとえば欧州では、産業競争力確保のため、規制とデータを連携させて業界標準の確立を狙っているが、日本ではデータ利用のみが孤立している。日本の産業競争力確保のためには、欧州のような複合的な取り組みが必要とされるだろう。

　一方、欧州電池規則は、日本の自動車OEMにどのような影響を及ぼすだろうか。BEVを製造するときは車載バッテリーが必要になるが、今後

はそのバッテリーが欧州電池規則に準拠したものかどうかが問われてくる。規則に準拠しなかった場合、補助金の減額や、関税の引き上げという罰則が予想される。つまり欧州で自動車を販売する場合は、よりCO_2排出量が少ないバッテリーの調達先を選択せざるを得なくなる。

　具体的には、サプライヤーを巻き込みながら欧州電池規則に準拠するバッテリーを製造するか、あるいは規則に対応できている電池を購入することになるだろう。その観点でいえば、日本の自動車OEMが、欧州域内で生産する中国のバッテリーメーカーの製品を採用するというケースも当然、出てくるだろう。

　方向性としては、バッテリーは"地産地消"に傾くだろうと予測される。すでに、あるバッテリーメーカーは、グローバルに生産拠点を持ち、その地で生産する自動車OEMに供給を始めている。自動車OEMはその土地で有利なバッテリーを購入していくのだ。

　いずれにしても、バッテリーの製造に関わるCO_2排出量は大きなものであるため、欧州電池規則が、自動車産業のLCA実現のための大きな一歩となるのは間違いない。

3 LCAとデジタルテクノロジー
〜データ流通ソリューション〜

カギとなる「国際的に自由なデータ流通の促進」(DFFT)

　データ流通には具体的な定義はないが、本書では「企業や業界を超えて、データが流通・活用されることで、経済発展や社会課題の解決が期待されるもの」と捉えている。

　データ流通のポイントは、特定の企業や業界のなかだけでデータを流通するのではなく、多種多様かつ大量のデータが、政府や自治体などと業界を超えて流通することにある。

　データ流通によって期待される効果には、まず経済発展がある。新規事業やサービスの創出を通じて、産業の競争力強化や経済活性化が図られる。さらに国民生活の安全性や利便性の向上である。データ流通によって、今までできなかった健康寿命の延伸や的確な被災者把握、渋滞緩和などが実現していく。また、LCAの文脈における温室効果ガスの排出量削減や、食料の増産やロスの削減など、さまざまな社会課題の解決も期待できる。

　そのデータ流通が今、注目されている背景には、Society5.0のカギとして「国際的に自由なデータ流通の促進」(DFFT：Data Free Flow with Trust、信頼性のある自由なデータ流通)が提唱され、データ流通のニーズが高まっていることがある。Society5.0とは、サイバー空間(仮想空間)とフィジカル空間(現実空間)を高度に融合させたシステムにより、経済発展と社会的課題の解決を両立する、人間中心の社会のこと。そのSociety5.0を実現するためには、「DFFT」の共通認識が必須だとされている。

　DFFTのポイントは、自由で開かれたデータ流通であること、ビジネスや社会課題の解決に有益なデータが、国境を意識することなく自由に行き来できることにある。さらに、データの安全・安心、プライバシーやセキュリティ、知的財産権に関する信頼が確保されていることである。自由で開かれたデータ流通とはいえ、秘密やノウハウが流出してしまうのは避けなければならず、出せるものと出せないものを自分たちでジャッジしていく必要がある。重要なのはDFFTの「T（Trust）」の部分なのだ。

　Society5.0もDFFTも日本政府が提唱している社会のあり方だが、実は日本よりも海外の取り組みのほうが進んでいる。

　最も活発なのは欧州で、EUでは民間を含む安全なデータ流通を目指す「データガバナンス法案」を策定し、暫定合意をしている。また「GAIA-X」を立ち上げるなど、EU主導のインフラ整備も進んでいる。EUではGAFAなど海外のIT企業によるデータの独占に危機感を覚えており、EU域内で生まれるデータはEU主導で流通させたいという思いがある。

　米国は、データ流通に関しては自由主義だったが、2019年に「連邦データ戦略」を策定し、現在では公共部門に対してデータ価値向上やガバナンス体制構築を推進している。中国では、国が集権的にデータを集めて利用する動きがあり、顔認証監視カメラや社会信用システムなど、国民監視を目的とするデジタル社会基盤がトップダウンで発展している。

　その一方で日本に目を向けると、コロナ禍のなかで、国や自治体間の情報連携や給付行政の難しさなど、デジタル化への対応の遅れが露呈している。DFFTの発信国でありながら、リテラシーの低さやプライバシーへの強い懸念がボトルネックとなってデータ流通が遅延している状況にある。政府では、その遅れを取り戻すべく、2021年6月に「包括的データ戦略」

を公開、国主導でデータ流通を推進する姿勢を見せている。

　前述したEUのGAIA-Xは、欧州の統合データ基盤プロジェクトである。EUの中で生まれたデータはEU内で自由に使えるように、データの機能や規格の標準化を目指している。そのGAIA-Xには、4つの目指すゴールがある。データ主権（データを持つことの権利と責任）の確立、特定サービスなどへの依存からの脱却、デジタルサービスの透明性と魅力の向上、イノベーションのためのデジタルインフラとエコシステムの創出、の4つである。方向性としては、第2のテックジャイアントを目指すのではなく、各企業が持つデータを有益に活用していくためのプロジェクトといえる。

　GAIA-Xは、あくまでデータ流通のための機能やルールを定義していくプロジェクトであり、業界のなかで実際にデータ流通を活用するために、別の団体が組織されている。自動車産業でいえば、「Catena-X」という団体だ。これは自動車産業の競争力強化、品質管理や持続可能なCO_2削減を目的として設立されたもので、EUの自動車バリューチェーン全体でのデータ共有を推進する団体となっている。具体的には、2024年7月までに、CO_2フットプリント、需給管理など、10のユースケースの実現を予定している。

　参加団体には、ドイツやスウェーデン、米国の自動車メーカー（OEM）をはじめ、機械、部品、IT、通信会社などが名を連ねている。日本の自動車部品会社なども参画しており、総数は全76団体に及ぶ。日本の自動車関連企業はCatena-Xに吸収されるのか、あるいは日本独自のデータ流通基盤を構築するのか、まだ先は読めないが、垂直統合的なデータ流通を考えたとき、最終的なゴールとしてCatena-Xのような形があることは確かだ。

データ流通市場の4つのプレーヤーとは

　データ流通市場には、大きく４つのプレーヤーが存在する。①データ提供者、②データ利用者、③データ流通プラットフォーマー、④データ流通協議体の4つである(図表１－３)。

■図表1-3　データ流通市場のプレーヤー

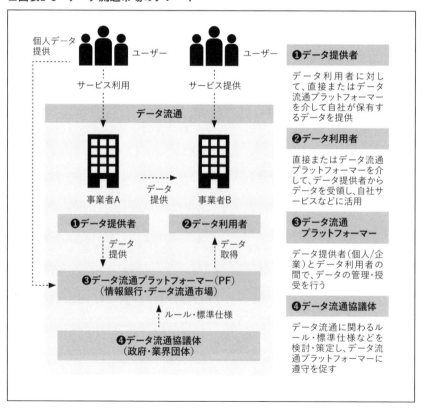

　データ提供者は、データ利用者に対して、直接またはデータ流通プラットフォーマーを介して自社が保有するデータを提供する。データ利用者は、直接またはデータ流通プラットフォーマーを介して、データ提供者からデータを受領し、自社サービスなどに活用する。データ流通プラットフォーマーは、データ提供者(個人／企業)とデータ利用者の間で、データの管理・授受を行う。データ流通協議体は、データ流通に関わるルール・標準仕様などを検討・策定し、データ流通プラットフォーマーに遵守を促す、という役割を持つ。

　たとえば、自動車産業の場合、CO_2排出量のデータをほしいと考えるのは、データ利用者である自動車OEMで、データ提供者は上流のサプライヤーになる。EUの場合、そのデータの管理・授受を行うデータ流通プラットフォーマーが、GAIA-XやCatena-Xとなる。

　日本ではまだ、GAIA-X、Catena-Xのようなデータ流通プラットフォーマーが存在せず、産業や業界ごとのプラットフォーマーが乱立している状態だ。この乱立状態をどのようにコントロールしていくかが、日本の産業界の課題となる。

　データ流通プラットフォーマーの形は、「データ取引市場」「データサービスPF（プラットフォーム）」「情報銀行」に大別される（図表１－４）。

　データ取引市場事業者は、データ提供者とデータ利活用者の仲介を行い、データ取引機能を提供する。この場合、データ提供者は、保有しているデータを提供することでマネタイズを図り、データ利活用者はデータ提供を受けて対価を支払う。

　データサービスPFは、提供データを加工し、付加価値を付けてデータ利活用者に提供する。たとえば、船舶系のさまざまなデータを集めて付加

■図表1-4　データ流通プラットフォーマー

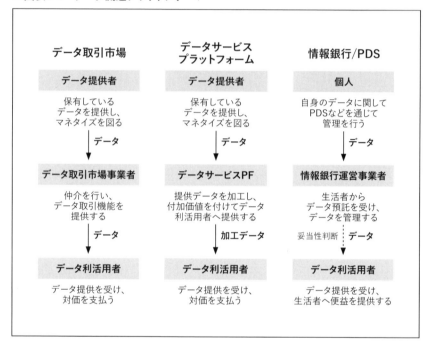

　価値を付け、参加者に有益なサービスの形で提供するデータサービスPF
などがある。
　情報銀行運営事業者は、生活者からデータ預託を受けてデータを管理す
る。個人情報を集めて売るビジネスモデルで、現在マーケットとしては、
この情報銀行が最も大きい。

　これらのデータ流通の市場規模は今後、拡大することが見込まれており、
特に情報銀行の成長率が高くなると予測されている（図表1-5）。
　事業者ごとに見ると、データ取引市場では、データ利活用機運の高まり

■図表1-5　データ流通市場の成長性

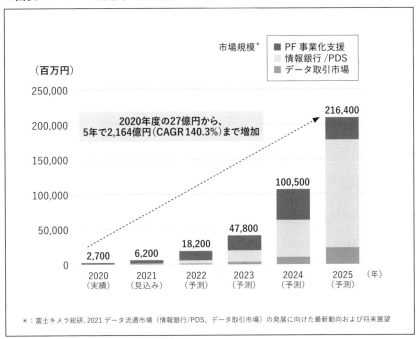

*：富士キメラ総研, 2021 データ流通市場（情報銀行/PDS、データ取引市場）の発展に向けた最新動向および将来展望

に伴って、データ提供者やデータ利活用者が徐々に増加していくことが期待され、2023年から2024年にかけて市場が本格的に立ち上がっていくと予測されている。

　情報銀行は、2020年から2021年度にかけて実証を行い、2022年以降に本格的なサービス提供開始を目指す企業が複数社あり、本格的な市場の立ち上がり時期としては2022年度以降となることが予測されている。

　PF事業化支援は、情報銀行の事業化を目指す企業の増加に伴って、市場は拡大傾向で推移している。また、検証環境の提供や、データ流通ガバナンス体制の整備など、事業化に向けた上流サービスも市場拡大を後押し

■図表1-6　データ流通の国内事例：配車サービス

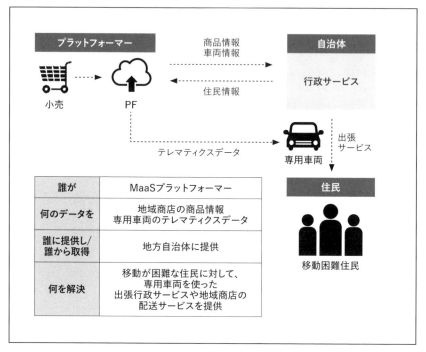

する。さらに、地方自治体でのスマートシティ構想やオープンデータ活用といった取り組みに加え、民間企業間での法規制に準拠したデータ連携に向けた基盤構築・開発も活発化しており、市場は拡大すると予測される。

　数値的にいえば、全体の市場規模は、2020年度の27億円から5年で2,164億円（CAGR140.3%）まで増加すると予測されている。

　ここで、データ流通を利用した具体的な国内の事例をいくつか見ていきたい。

　まず、MaaSのプラットフォーマーが行っている配車サービスがある（図表1－6）。MaaSのプラットフォーマーは、地域商店の商品情報や専用車両のテレマティクスデータを、地方自治体に提供し、地方自治体はそのデータを利用して、移動が困難な住民に対して、専用車両を使った出張行政サービスや地域商店の配送サービスを提供する。つまり、行政が持っている移動困難住民の情報と、商品情報や専用車両のテレマティクスデータが、MaaSのプラットフォーマーを軸に流通し、住民への出張サービスを支援しているのだ。

　2つ目は、投資判断に用いられている例である（図表1－7）。これは、送配電事業者組合がスマートメーターデータから推計した製造業生産活動指標を、プラットフォーマーを通して機関投資家に提供するというもので、

■図表1-7　データ流通の国内事例：投資判断

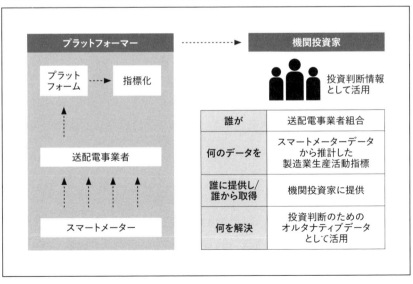

機関投資家は投資判断のためのオルタナティブデータとして活用する。電力業界がデータを流通するプラットフォームをつくり、別の業界にデータを売るというモデルで、現在、実証実験が進行中だ。

　3つ目は、防災情報流通ネットワークの事例だ。政府は今、市区町村の災害情報や道路データ、気象データなどを各省庁から集約・統合するプラットフォームを構築中だという。具体的には、仲介役となる基盤的防災情報流通ネットワーク（SIP4D：Shared Information Platform for Disaster Management）を中心に取り組みが進められている。これまではデータは各所にあるものの、災害が起きたとき、それを必要とする人がデータにアクセスできないという事態があった。この防災情報流通ネットワークは、その課題を解決するものとして期待されている。

　データ流通を利用した自動車産業のLCA関連では、自治体におけるゼロカーボンシティ施策の推進に向けた実証実験が実施されており、EV公用車の走行情報など多様なデータを活用して、CO_2削減量を可視化する試みが行われている。

　これは、分野を超えてデータの発見と利用ができる仕組み「CADDE（ジャッデ）」を用いて、信頼性が確保された多様なデータを収集し、CO_2の排出量や削減量を可視化する実証実験で、2021年11月から2022年2月にかけて実施された。

　実証実験では、データの流通履歴を記録・管理する来歴管理システムと「CADDE」を連携させ、4自治体（福島県会津若松市・茨城県水戸市・岐阜県多治見市・兵庫県加古川市）が保有するEV公用車の電力消費量や、ソーラーカーポートの再生エネルギー発電量などのデータを収集。データ可視化ツールを用いて、各車両のCO_2排出量や削減量を、レポート画面で閲

覧できるようにした。

　これによって「CADDE」を用いて収集した多様なデータを活用できるようになり、EV移行の動機付けや職員の環境意識向上への寄与など、ゼロカーボンシティ施策の推進に効果があることが確認されたという。

見えてきた日本におけるデータ流通推進の課題

　このように、さまざまな企業や自治体でデータ流通の施策が始まっている。データ流通を国単位でコントロールするものとしては、一般社団法人データ社会推進協議会（DSA）の取り組みがある。DSAは、産官学の連携による分野を超えたデータ流通で豊かな社会をつくることを目的としており、その活動の1つとして、分野を超えたデータ連携を目指す連邦型のプラットフォーム「DATA-EX」を推進している。

　これは欧州のGAIA-Xの日本版ともいえるもので、エネルギー、インフラ、観光、交通、防災、行政サービス、医療・健康、農業、製造・流通など、さまざまな分野の横断的なデータ連携を目指したプラットフォームで、2023年度以降から社会実装が行われていく予定だ。

　ちなみにデータアーキテクチャには、中央集権型と連邦型がある。中央集権型とは、組織内のデータを可能な限り収集し、蓄積して展開する一元管理型のプラットフォームのことで、データもガバナンスも中央が集中管理する。連邦型とは、ドメインによるデータプロダクトの開発と維持をサポートし、データ品質と相互運用性を保証するセルフサービス型のプラットフォームで、事業と責任を分担してガバナンスを行う。DATA-EXは、後者の連邦型のデータアーキテクチャである。

　日本がさらなるデータ流通を推進していくためには課題が山積している。まずは、具体的にどのデータを流通させることで、どのようなビジネスモデルを描くのか、というユースケースのアイデア不足がある。また、産業間連携の旗振り役が不足し、データの取り扱いルールが定まっていないことがデータ流通を阻害する要因になっている。日本企業の場合、前例がないと外にデータを出せないというケースが多いのだ。さらに、権利関係にも課題があり、知財権や製造物責任を含めた契約のひな型づくりが必要になる。それに加えて国際連携の課題がある。たとえば、欧州のGAIA-Xとの連携をどのように行えばいいのか、産業間連携と同様に、ここでも旗振り役が不足している。これらの壁をどのように乗り越えていくかが、日本のデータ流通推進の大きな課題となっている。

LCAとデジタルテクノロジー
～ブロックチェーン、Web3.0～

ブロックチェーン技術成熟度とWeb3.0

　PwCコンサルティング合同会社では「社会影響の大きい8つの先端テクノロジー」を「エッセンシャル8」と呼び、グローバル戦略の1つとしている。8つのうちの1つである「ブロックチェーン」についても、多方面から取り組みを行っている。全世界に、ブロックチェーン技術に焦点を当てたテクニカルチームメンバーが100名以上おり、500名以上のブロックチェーン関連スタッフを擁している。PwC Japanにおいても、2020年11月に、ブロックチェーンで企業および社会の課題解決を支援することを目的に「Blockchain Laboratory」を開設した。

　ブロックチェーンの最も大切なキーワードは「トラスト（信頼性）」という言葉。その信頼性を、テクノロジーをもってどのように担保するかが重要なキーとなっている。

　PwCでは、ブロックチェーンが示す世界観を「4つのDの社会」として表している（図表1－8）。基盤となるのは「Decentralization」。中央集権の限界を超え、「非中央集権」による信頼できるプラットフォームを実現することにある。中央銀行がなくても通貨が成立するという性格のもので、プラットフォーム自体を信頼できることがイノベーティブなポイントとなる。「Digitalization」とは、紙で取り交わされていたものが信頼に基づいてデジタル化されること。「Democratization」とは、誰でも平等にエコシステムに参加できること。デジタル化されたサービスの「大衆化」という意味だ。

■図表1-8 ブロックチェーンが示す世界観：4つのDの社会

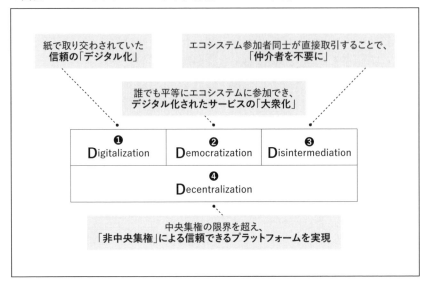

■図表1-9 ブロックチェーン技術成熟度ロードマップ（Web3.0位置付け）

	Generation 0	Generation 1	
	仮想通貨・暗号資産	Private, Consortiam	
概要	Satoshi NakamotoのWhite Paperに基づきBitcoinと派生の仮想通貨が、中央銀行に依存しない通貨発行を実現。	エンタープライズ向けにBCのコンセプトにインスパイアされた技術が複数開発されるが、多くは従来の技術で代替可能なレベルにとどまり、コンセプトに即した課題*)を仮想通貨以外の領域で効果的に解決するには技術成熟度が不足している状況。	
具体例	●Bitcoin ●Bitcoin Gold	●中央銀行デジタル通貨（CDBC） ●担保型ステーブルコイン	

2009　　　　　　　　　　　2012　　　　　　　　　　　2021

*) 課題：技術的な理由で解決できない社会課題などが、ブロックチェーン関連技術のコンセプトである「仲介者排除」や「価値のデジタル化」などで解決される可能性のある課題を指す

　そして「Disintermediation」とは、エコシステム参加者同士が直接取引することで、仲介者を不要にすること。プラットフォームそのものが信頼できれば、相対での取引が可能になる。

　ブロックチェーンとは、これら4つのDに基づく「非中央集権による信頼（Without relying on trust）」という新たな社会のあり方を実現するものだ。

　PwCでは、Blockchain Laboratory設立時に、ブロックチェーン技術がどのように進化成熟していくか、その仮説を描いている（図表1－9）。

　一番左の「Generation 0」は、仮想通貨・暗号資産が生まれた段階。サトシ・ナカモトのホワイトペーパーに基づいて、Bitcoinと派生の仮想通貨が、中央銀行に依存しない通貨発行を実現した。今は1万8,000種類以上（2022年4月時点）の暗号資産があるといわれている。

　次の「Generation 1」は、その暗号資産をエンタープライズ企業で使うトライアルの段階だ。中央銀行などの責任主体がなく、通貨のボラティリテ

2022	2026（年）
Generation 2	**Generation 3**
Web3.0（DeFi,NFT,DID...）	DAO
エンタープライズ領域でも、Generation0コンセプトに基づいた、従来技術では解決不可能な課題*）を解決できる方式が適用可能となる（他の技術や方式が検討の俎上に載らない）。	Generation0のメインコンセプトを超えて、World Computer、自律分散組織（DAO）など、基盤システム技術の領域を越えガバナンスのあり方を含めた非中央集権的コンセプトを実現することで、基盤の非中央集権性がより強固なものとなる。
●分散型金融（DeFi） ●無担保型ステーブルコイン ●ノンファンジブルトークン（NFT）	●分散型自律組織（DAO）

ィも課題でハードルは高い。ここでは、エンタープライズ向けにブロック
チェーンのコンセプトにインスパイアされた技術が複数開発されたが、多
くは従来の技術で代用可能なレベルにとどまった。コンセプトに即した課
題を仮想通貨以外の領域で効果的に解決するには、技術成熟度が不足して
いる状況だ。具体例としては、中央銀行デジタル通貨（CDBC）や担保型ス
テーブルコインがある。

　その次に来る「Generation 2」は、Generation 0のコンセプトに基づいて、
従来技術では解決不可能だったエンタープライズ領域の課題を解決できる
ようにした段階である。世の中でいわれる「Web3.0」と定義的には一致す
る。具体的には、分散型金融（DeFi）や無担保型ステーブルコイン、ノン
ファンジブルトークン（NFT）など、パブリックのブロックチェーンを使
った新しいユースケースが生まれている。

　そして今後予測されているのは、「Generation 3」。Generation 0のメイ
ンコンセプトを超えて、World Computer、分散型自律組織（DAO）などが
登場する。基盤システム技術の領域を越え、ガバナンスのあり方を含めた
非中央集権的コンセプトを実現することで、基盤の非中央集権性をより強
固にした段階である。

　全体としていえるのは、ブロックチェーンの進化のスピードは、当時の
PwCの予測よりも速くなっているということ。今後はGeneration 2を使
ったLCAも出現するだろう。

SEMI(Semiconductor Equipment and Materials International：国際半導体製造装置材料協会)の半導体模倣品流通防止に向けた標準化の取り組み

　ブロックチェーンが社会に適用された世界では、信頼性が担保されたデ

ータを複数のステークホルダー間で共有することで、安心・安全を消費者に提供し、よりスムーズな経済活動が実現できると予測されている。では具体的に、ブロックチェーンはサプライチェーンにどのような変革をもたらすのだろうか。

　ブロックチェーンがもたらす変化は、前述した通り「4つのD」で示される。確定したデータの改ざんや管理者による恣意的な操作が不可能になり、データの前後関係が保障される。すべての参加者にデータがリアルタイムに共有され、誰でもエコシステムに参加可能となり、エコシステム参加者同士が直接つながることができるようになる。

　一方、現在の日本のサプライチェーンマネジメント（SCM）は、複数のステークホルダーで構成される階層化された複雑な構造をしており、システムはサイロ化され、バケツリレー方式でデータがやり取りされている。そこで扱われている情報は、需給・商品・取引情報などだ。この現状にブロックチェーンによる変化をもたらすと、どのようなSCMが実現するのだろうか。予測されるのは、偽造品流通の防止や、製品の安全性確保が実現すること。また、データがリアルタイムで共有されることで販売・生産計画の正確性が向上し、正確なトレースが行われることでSDGsも実現する。

　たとえば、半導体業界団体であるSEMIでは、年間8000億円もの模倣品対策として、ブロックチェーンを活用したSCM基盤を採用、エコシステム全体として模倣品リスクを排除していく方針を採っている（図表1 −10）。
　従来の中央集権型SCMでは、サプライチェーン内でのパワーバランス

■図表1-10　SEMIの半導体模倣品流通防止に向けた標準化の取り組み

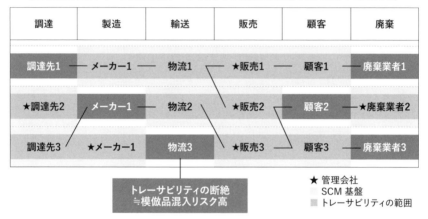

中央集権型SCM

サプライチェーン内でのパワーバランスに依存したトレーサビリティのため、データの一貫性が担保されないケースもある。トレーサビリティの断絶は模倣品の混入を許すこととなる。

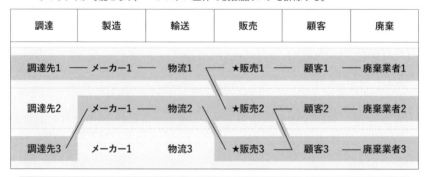

非中央集権型SCM

商流や特定企業の影響力に依存せず、より多くの企業が参加可能。エンドツーエンドのトレーサビリティが可能となり、エコシステム全体で模倣品リスクを排除する。

に依存したトレーサビリティのため、データの一貫性が担保されない場合があり、そのトレーサビリティの断絶が模倣品の混入を許してしまう。対して、ブロックチェーンを活用した非中央集権型SCMでは、商流や特定企業の影響力に依存せず、より多くの企業が参加可能になる。エンドツーエンド（E2E）のトレーサビリティが可能になることで、エコシステム全体で模倣品リスクを排除することが可能になるのだ。

バッテリーのライフサイクル管理（LCM）

　今、ブロックチェーンを活用したE2Eのバッテリーライフサイクル管理が、急成長するバッテリー市場の主要な環境課題を解決しようとしている。

　エレクトリックモビリティの成長で、世界のバッテリー需要は急速に増加し、今後はEVの普及とともに爆発的に増えると予測されている。だがこの急速な成長は、3つの大きな環境問題をもたらす。1つ目は、バッテリーの原料供給に大きな環境リスクがあること。2つ目は、バッテリー製造時の環境負荷が大きいこと。そして3つ目に、バッテリーの廃棄とリサイクルに不確実性があることだ。

　この3つの環境問題に対しては、それぞれ対応策が存在する。まず、E2Eサプライチェーンの透明性を高めて、持続可能な調達を実現すること。生産時の排出物と廃棄物の削減を行って、持続可能な生産を実現すること。そして、ビジネスモデルをつなぐ循環型・連結型バリューチェーン（リサイクル）を構築することだ。

　つまり、E2EのバッテリーLCMとは、ソースからリサイクル、リバースまでの透明性を高め、E2Eサプライチェーンにおける廃棄物と排出物の

■図表1-11　バッテリーLCM

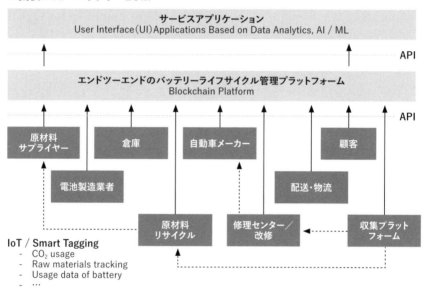

分析を可能にし、価値創造プロセスに参加するさまざまなステークホルダーの連携・コネクトを行い、新しい持続可能なビジネスモデルを実現することにある。

　E2Eのバッテリーライフサイクル管理プラットフォームは、ブロックチェーンを活用することで、透明性とサービスアプリケーションを生み出す可能性を提供する（図表1-11）。図にあるように、製品は、製造から組み立て、流通過程を経て最終カスタマーに届き、その後、回収して修理したり、原材料に戻したりしてリサイクルされる。この一連の流れは、現状、先ほどのSEMIの例にあるように、きれいに透明化されている状態ではない。それをブロックチェーンのプラットフォームで結び、可視化しようと

しているのだ。

　ブロックチェーンを活用すれば、EVのバッテリーのライフサイクル全体にわたって、さまざまなメリットがもたらされる(図表1-12)。「原材料サプライヤー」では、原材料の採掘において、紛争鉱物や児童労働を排除できるなど、透明性の提供によって顧客と信頼関係を築くことができる。「電池製造業者」では、さまざまな素材の調達状況をほぼリアルタイムで把握し、商取引プロセスの自動化やデジタル化が促進される。「自動車メーカー」では、バッテリー材料の産地が特定できるなど、品質を担保するための透明性がトレーサビリティによって可能になる。また紙ベー

■図表1-12　ブロックチェーンの活用メリット

原材料サプライヤー	●サステナビリティ(紛争素材や児童労働の排除) ●透明性の提供によるお客様との信頼関係の構築
電池製造業者	●バッテリー材料の信憑性 ●さまざまな素材の調達状況を(ほぼ)リアルタイムで把握 ●商取引プロセスの自動化・デジタル化(書類作成、請求書発行、船荷証券作成など)
自動車メーカー (OEM)	●バッテリー材料の産地特定 ●品質/真正性 ●よりよいS&D計画 ●紙ベースのプロセスのデジタル化、認証管理 ●持続可能性の証明 ●E2Eの透明性
倉庫	●在庫管理の強化 ●物流・倉庫管理のためのデジタルプラットフォーム
配送・物流	●リアルタイムな需要計画 ●顧客要求管理の強化
顧客	●バッテリーの生産地 ●バッテリーのスペアパーツに関する情報や、OEM/バッテリーサプライヤーに接続するためのプラットフォーム ●アフターサービス ●サービス/メンテナンスに関するサプライヤー/OEMからの割引
回収・リサイクル	●リサイクルに適したバッテリーの入手方法 ●リユースバッテリーの市場成立 ●さまざまな部品の転売可能性

スのプロセスがデジタル化され、メーカーとして持続可能性の証明が可能
になる。

「倉庫」では、在庫管理の強化が図られ、「配送・物流」では、リアルタイ
ムの需要計画が可能になるため、顧客要求管理の強化ができる。「顧客」は、
自身が使う製品がエシカルなものかどうか確認できるため、より安心して
製品を使うことができる。また、バッテリーのスペアパーツに関する情報
や、OEM／バッテリーサプライヤーに接続するためのプラットフォーム
ができるため、アフターサービスの品質も向上する。「回収・リサイクル」
では、リサイクルに適したバッテリーの入手方法が確立され、リユースバ
ッテリーの市場が成立するため、さまざまな部品の転売が可能になる。

自動車メーカー（OEM）のさまざまな取り組み

　ここからは、具体的に自動車OEMの取り組みを紹介していこう。すで
に多くの自動車OEMが、バッテリー排出量の追跡や、バッテリーの循環
型経済に投資をしている。

・電気自動車（BEV）のバッテリーに使用されるコバルトのトレーサビリ
ティを、ブロックチェーンを用いて確保。完全なトレーサビリティが約束
されているため、顧客はバッテリーの材料が責任を持って調達されている
ことを知りながら、該当OEMのBEVを運転できる。また、AIを使って供
給の状態を監視、コンプライアンスに抵触するような問題がないかを検知
する仕組みを取り入れている。

・EV用バッテリーの調達にあたり、原材料と副資材の追跡調査を実施。

ブロックチェーンのスタートアップ企業とバッテリーメーカーとパートナーシップを組み、バッテリーメーカーの複雑なサプライチェーンにおけるCO_2排出量と副資材の量をブロックチェーンで追跡している。

• バッテリーの持続可能な調達と、バッテリーのリサイクルを実行。前者については、他者と共同で、E2Eのサプライチェーンにおけるコバルトの責任ある生産・取引・加工に関して、透明性を生み出すブロックチェーンベースのプラットフォームを開発している。後者に関しては、EV用バッテリーをリサイクルし、使用済みの原材料を再び取り出すことに高い可能性を見出している。実際に古いバッテリーを処理し、原材料を抽出する工場を開設している。これらの取り組みは、より持続可能な社会を目指し、古いバッテリーから価値を生み出すという試みだ。

　自動車OEMがこのようなソリューションを適切な方法で実装できれば、市場において大きなインパクトを与えることができる。そのためにはまだ解決すべき課題がある。

　まず、規制機関は、企業間のコラボレーションの一部である必要があること。環境負荷に関しては、規制当局の申し送りで業界が動いていく側面があるからだ。さらに、バッテリー原料メーカーや自動車OEM、リサイクル業者などのE2Eバリューチェーンステークホルダーとのパートナーシップを築くこと。また、リサイクルのためのバッテリーの回収を合理化する必要もある。これはエンドユーザーが、回収センターにバッテリーを提供するインセンティブがないためだ。さらに、バッテリーの健全性検査能力と知識の欠如によって、リサイクルにおけるさまざまな重要な天然資源が損失しているという課題や、バッテリーバリューチェーンのパートナ

一、特に原料供給者やリサイクル業者、回収プラットフォームのデジタル化が進んでいないという課題もある。

　課題を解決するアクションとしては、次の4つの項目がある。①規制機関を管理する公共部門とパートナーシップを構築すること。②上流の企業間サプライチェーンコラボレーションを推進すること。③最終消費者／川下のサプライチェーン参加者のバッテリーリサイクルへの動機付けを行うこと。そして、④デジタル化を進めるための、E2EのバッテリーLCMのプラットフォームの開発だ。

　これらを実現するのは困難ではあるが、大きなポテンシャルもある。世界経済フォーラムによると、循環型バッテリーのバリューチェーンは、パリ協定で要求されている運輸部門と電力部門の排出削減の最大30％を可能にすると考えられている。また、バッテリー生産量は、2030年までに19倍に増加するといわれており、E2Eのバッテリーライフサイクル管理プラットフォームを提供することで、大きなビジネスチャンスを得ることができる。ちなみに、2030年のリチウムイオン電池リサイクルの世界市場規模は180億ドルと予測されており、高い壁を越えてチャレンジする価値があると捉えられている。

　最後に、規制上の課題について整理しておこう。課題は大きく5つある。①バッテリーのトレーサビリティに関する世界基準がないこと。②バッテリー産業（製造業）のポリシーが更新されていないこと。③市場には多数のバッテリーパックデザインが存在しているが、表示や情報収集の基準が不足していること。④水銀、カドミウムなどの有害元素を含むさまざまなバッテリーを再利用するための明確なガイドライン（世界的なもの）がないこ

と。⑤二次バッテリーの規則チェックと基準に関する方針を刷新する必要があること。以上の５つである。今後、ブロックチェーンを活用していくためには、これらの課題をクリアする必要がある。

5 LCAをめぐる制度化動向
カーボンプライシング

ネットゼロ宣言を受けてカーボンプライシングの導入が進む

　今、カーボンプライシングが世界的に注目されている。その背景には、気候変動問題への関心の高まりがある。温暖化問題への対応が迫られるなか、各国政府や企業によるネットゼロ宣言が相次いでいる。こうした政府目標や企業目標を達成するにあたって、カーボンプライシングは重要な手段になっており、各国で導入の動きが進んでいる。

　そのカーボンプライシングに関係するメガトレンドとして、4つの大きな動きが出ている。

　1つ目は国際世論の動きである。2015年のパリ協定での世界の平均気温上昇を1.5℃未満に維持するという目標の他、バイデン政権下で気候問題への議論が本格化している。

　2つ目は投資家の関心の高まりだ。気候関連財務情報開示タスクフォース(TCFD)やESG格付け改訂コーポレートガバナンス・コードにおいて、気候変動問題への取り組みに関する開示を求める動きや評価が高まっている。

　3つ目は各国での炭素税などの導入の加速である。欧州のCBAM（炭素国境調整措置）の導入を含む「Fit for 55」の公表をはじめ、米国バイデン政権の国境炭素税の公約、中国の全国規模の排出権取引の運用開始などがあり、日本でも炭素税の検討が継続している。

　そして4つ目は日本政府の方針だ。2020年10月、当時の菅政権は2050年までに温室効果ガス（GHG）排出量を実質ゼロにする目標を表明した。

経済産業省は2022年2月にGXリーグ基本構想を策定し、参加企業の自主的な排出権取引の稼働に向けて取り組みを開始している。こうしたメガトレンドを踏まえて注目がより高まっているのだ。

2021年における主なイベントを見ると、4月に米国での気候変動サミットがあり、7月にはEUによる「Fit for 55」CBAMの法案の公表があり、11月には英グラスゴーでのCOP26の開催があった。これらも各国のカーボンプライシングの動きに影響を与えるだろう。

そもそもカーボンプライシングとはどのような制度なのだろうか。カーボンプライシングは、「炭素排出に価格を付けることにより、排出削減および低炭素技術への投資を促進すること」と定義されており、排出権取引（ETS）、炭素税、CBAMという主要な3つの制度がある。

まず排出権取引とは、排出源全体の排出上限（Cap）を設定し、対象となる"CO_2などの排出可能権利"を有償および無償で排出源に配分し、市場を通して取引（Trade）することによって排出上限を最小費用で達成する政策手段のことである。

炭素税とは、炭素の排出による気候変動問題への悪影響という外部不経済に対する課税であり、限界削減費用と税率の一致によって排出量削減の実現が可能になる。

そしてCBAMとは、国内の炭素税制度と連動して、カーボンリーケージ（排出規制が厳しい国の企業が、規制の緩やかな国へ生産拠点や投資先を移転し、結果的に世界全体の排出量が増加する事態）を防ぐため、海外からの輸入品に対し、その生産に際して排出された温室効果ガスの量に応じて金銭的負担を求める制度だ。

カーボンプライシングの全体像をより大きな視点から見ると、図表1

−13のようになる。カーボンプライシングは、政府・地域組織などによるカーボンプライシングと、民間によるカーボンプライシングに分かれる。前者には、コンプライアンス義務として排出権取引・炭素税・国境炭素税などが含まれ、後者には脱炭素を民間で促進するためのクレジットやICP（インターナルカーボンプライシング）などが含まれる。

　では、世界各国の制度導入の状況はどのようになっているのだろうか。世界銀行の報告[i]によると、2021年4月時点で、46の国と35の地域がカーボンプライシングを導入（または導入を決定）している。導入されている64の規制のうち、29が排出権取引制度、35が炭素税制度となっている。

　地域別に見ると、カーボンプライシングの導入は、北欧における炭素税の導入を皮切りに欧州中心に拡大してきたが、近年は中南米やアジア・オ

■図表1-13　カーボンプライシングの全体像

カーボンプライシングは、各国政府などが主導するコンプライアンス上の義務（クレジットは、当該義務目的でも一部利用される）であるのに対し、クレジットやICPは、民間の自発的な脱炭素に向けた取り組みを促進する制度。

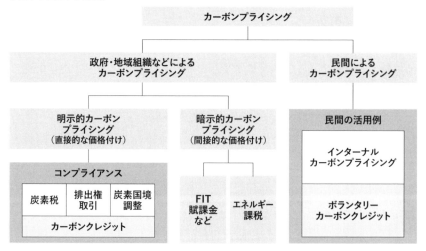

セアニアなど、欧州以外の地域にも拡大している。2019年の国レベルの導入状況を見ると、カナダが炭素税と排出量取引制度を導入し、南アフリカおよびシンガポールが炭素税を開始。米国では2021年7月に、鉄鋼などの特定の輸入品に課税するCBAMを2024年1月より導入する法案を公表している。

　2021年4月時点で導入された各国のカーボンプライシングは、世界の排出量の約22％をカバーし、2015年時点の12％から約2倍に拡大している。パリ協定目標を達成するためにはさらなる前進が必要とされるため、導入する国と地域の数は、引き続き拡大する見込みだ。

LCAとカーボンプライシングの関係

　ここで、LCAとカーボンプライシングの関係性を見ていこう。LCAは環境負荷を算定していく仕組みである一方で、カーボンプライシングは排出量に基づいて炭素価格を上乗せする仕組みであることから、LCAをカーボンプライシングの各施策で活用することが考えられる。ただし、自動車業界のLCAの観点では、現状は統一的な手法が未整備であり、算出排出量を活用できる状況にはない。

　たとえばLCAではScope1、2、3のすべてを対象としているが、カーボンプライシングでは、炭素税、排出権取引による一部の対象業者に対するScope1、2への課税が主になっており、Scope3に関してはCBAMが法案段階と、限られたものになっている。そうした差異があることから、現状を踏まえたLCAとカーボンプライシングの各施策の関係は足元で強いとはいえない。今後は、製品LCAへの移行動向を踏まえながら、カーボンプライシングの各施策がどう変わっていくか、その動向に留意しなけ

ればならない。

　具体的に、LCAとカーボンプライシングは今後どのような動向が予想されるのか。まずLCAでは、製品LCAへの移行や、統一的なLCAの導入、LCAによる排出量算出の精緻化などが実現していくと予想される。またカーボンプライシングでは、各国でさまざまな制度が導入され、炭素価格水準は上がる方向で推移していくと予想される。さらにカーボンプライシングでは、LCAの排出量算出の精緻化によって炭素価格を付すことができる対象が拡大する可能性があり、納税主体が上流（化石燃料の消費者）から下流（最終消費者）へ移行する可能性も考えられる。

　ちなみに、納税主体が上流から下流へ移行すると、最終消費者は、自分が購入した製品がどのくらいの炭素を排出しているかを把握できるようになる。その結果、炭素排出量を見て、製品aよりも製品bを選択するという、消費者の行動変容を生み出す可能性もある。

　このようにLCAの精緻化や製品LCAへの移行によって、将来的にはカーボンプライシングの法制度の仕組みへの影響も考えられ、その場合には双方の結び付きはより強くなると考えられる。

主要国におけるカーボンプライシングの現状

　次に、カーボンプライシングの制度の内容と現状について見ていこう。主要国を見ると、各国の気候変動政策の方針や進展状況はさまざまで、当面は流動的であることが想定されている。

　たとえば、ドイツ、オランダ、英国、米国、中国、タイという6カ国を見ると、カーボンニュートラルの達成時期は2050〜2060年と幅がある。カーボンプライシングに関しても、ドイツとオランダはEU-ETS（EU域

内排出量取引制度）の他に、それを補完するものとしてnETSやCO$_2$ Levy（二酸化炭素税）を持ち、英国はUK-ETS、米国は州レベルのETS、中国は全国レベルのETS、タイはボランタリーのETSなど、それぞれ独自のETSの制度を整備している。各国のカーボンプライシングを把握するには、最新の動向をモニタリングしながら、その影響を検討していく必要がある。

　では、カーボンプライシングの水準はどうなっているのか。図表1－14にあるように、OECD・G20の44カ国の炭素排出量は、グローバルでのエネルギー使用の約8割を占めているが、カーボンプライシングスコア（CPS）が高い国（70%に近い国）は、スイス、ルクセンブルク、ノルウェーの上位3カ国の一握りとなっている。

　カーボンプライシングスコア（CPS）とは、OECDのベンチマーク価格の達成度合いを測定したもので、60ユーロ/CO$_2$トン当たりをベンチマークとして、実行炭素税率を踏まえて算定される。OECDの報告書によると、44カ国の平均のCPSは19%となっており、対応するカーボンプライシングギャップ（炭素価格がベンチマークに届かない程度）は81%となっている。

　日本の場合、CPSは24%で、平均より高い水準にはあるが、全体的に見れば決して高いとはいえない。今後各国では、カーボンプライシングが高くなり、企業にとっての直接的・間接的なコストが増加していくことが予想される。

　排出権取引に目を向けると、各国政府が排出権取引市場を設立しているなか、EU-ETSが歴史の長さからも最も取引量が多い市場となっている。その排出権の価格は2021年以降高騰していて、2022年1月では82ユーロ/CO$_2$トン超となっている。政策転換や排出枠の需給変動に伴って、排出

■図表1-14　実効炭素税率に基づくOECD加盟国・G20のCPS（60ユーロ/CO$_2$トン当たり）*

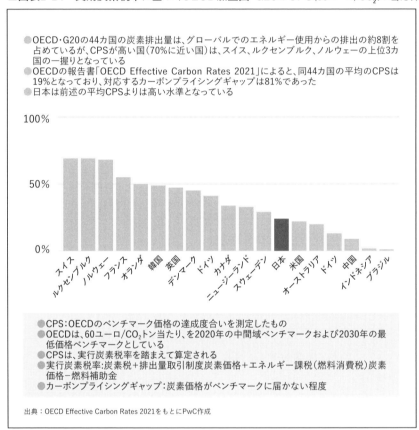

● OECD・G20の44カ国の炭素排出量は、グローバルでのエネルギー使用からの排出の約8割を占めているが、CPSが高い国（70%に近い国）は、スイス、ルクセンブルク、ノルウェーの上位3カ国の一握りとなっている

● OECDの報告書「OECD Effective Carbon Rates 2021」によると、同44カ国の平均のCPSは19%となっており、対応するカーボンプライシングギャップは81%であった

● 日本は前述の平均CPSよりは高い水準となっている

● CPS：OECDのベンチマーク価格の達成度合いを測定したもの
● OECDは、60ユーロ/CO$_2$トン当たり、を2020年の中間域ベンチマークおよび2030年の最低価格ベンチマークとしている
● CPSは、実行炭素税率を踏まえて算定される
● 実行炭素税率：炭素税＋排出量取引制度炭素価格＋エネルギー課税（燃料消費税）炭素価格−燃料補助金
● カーボンプライシングギャップ：炭素価格がベンチマークに届かない程度

出典：OECD Effective Carbon Rates 2021をもとにPwC作成

価格は今後も上昇する見通しだ。

　一方、欧州のCBAMの現状はどうなのだろうか。2021年7月14日にECから公表された法案によると、課税は、セメント、電力、鉄・鉄鋼、アルミニウムのEU域内への輸入が対象で、EFTA（欧州自由貿易連合：アイスランド、ノルウェー、スイス、リヒテンシュタイン）からの輸入は対象

とならず、また上記製品を加工した完成品(例：自動車)などは対象にならない。

　CBAM申告は、翌年5月1日までに、EU域内に輸入した物品の総量、排出量、CBAM証書の総数を申告することになっている。排出量は、実際排出量または各物品の単位当たり標準排出量に基づいて算定し、実際排出量は認定された検証人による検証が必要だ。なお原産地国で炭素価格を負担している場合は、二重課税を排除するため、減免申請が可能となっている。

　納税方法は、CBAM証書を購入し、その証書を翌年5月31日までに償却すればよい。証書の価格はEU-ETSにおける排出価格と連動し、EU-ETSにおける無償割当も考慮される。

　この法案要旨は、執筆時点（2022年11月30日）現在、欧州議会において修正案が出されており、たとえば、有機化学品などへのスコープ拡大、経過措置期間の1年間延長などの修正が提案されている。本適用は法案上において2026年1月以降となっているが、前述のように欧州議会の修正案とも異なるため、最終的にどのような形で可決されるか、今後の動向に留意が必要だ。

需要・供給が拡大し、取得目的も多様化するカーボンクレジット

　カーボンクレジットとは、排出量削減プロジェクトによる削減量を第三者が認証し、それをクレジットとして金融資産のように取引可能にしたものをいう。

　クレジット創出の仕組みは以下の通りとなる（図表1−15）。まず、排出量削減プロジェクトを実施しなかったときに想定される排出量を、ベー

スライン排出量という。公的機関や民間団体などの第三者が認証基準に基づいて、そのベースライン排出量を客観的に認証する。そこからプロジェクト実施後の排出量を引いた差の部分が、クレジットとして創出されることになる。

　一方、企業側は自社で削減努力をしたうえで、削減しきれない排出量を、

■図表1-15　クレジット取引の概要

クレジット創出の仕組み

プロジェクト実施により、プロジェクトがない場合と比べた排出削減量を第三者がクレジットとして認証

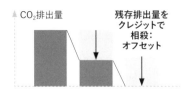

CO_2排出量

排出削減量
=クレジット

プロジェクト実施後の排出量　　時間

ベースライン排出量

排出量削減プロジェクトが実施されなかった場合に想定される排出量

公的機関、民間団体などの第三者が認証標準に基づいてベースライン排出量を客観的に認証

クレジット取得とオフセットの概念

自社事業活動の削減の努力をしたうえで、削減しきれない排出量をクレジットを用いて相殺する

CO_2排出量

残存排出量を
クレジットで
相殺：
オフセット

自社事業活動からの排出量 － 各種施策による排出削減量 ＝ 施策でカバーしきれない排出量

取得者	創出者
取得クレジットで自社排出量とオフセットし、カーボンニュートラルへの達成度を高めることができる	クレジットの売却収入によって、プロジェクト実施コストの一部補塡などが可能

クレジットを用いて相殺（オフセット）する。これが、クレジット取得とオフセットの概念だ。クレジット創出者は、クレジットの売却収入によってプロジェクト実施コストの一部補填などが可能になり、取得者は、排出量をオフセットすることでカーボンニュートラルへの達成度を高められる。

　そのカーボンクレジット市場の動向だが、各企業のネットゼロ宣言への対応を背景に、クレジットの需要・供給は急速に拡大している。国内外で複数の制度が、政府機関や自治体、民間NGOなどさまざまな発行主体から導入されており、取得目的も多様化している。

　クレジットの種類を見ると、まずクリーン開発メカニズム（CDM）におけるクレジットがある。これは、先進国が途上国で排出削減のためのプロジェクトを実施し、排出削減分についてクレジットを取得するもの。日本ではJクレジットや非化石証書、東京都などの排出クレジットがある。さらにCDMに代わるものとして二国間クレジット制度（JCM）があり、海外事業者によるクレジット（Gold Standard、VCS、CCB、CARなど）が存在する。

　取得の背景を見ても、自主的なネットゼロの実現への施策や、投資家やNGOへの施策、関係国や地方自治体の施策、取引先からの要請など多様化している。

　これらクレジット取引の課題としては、使用目的や制度内容に応じて差異が見受けられ、税務上の不確実性が生じている点である（図表1−16）。

　たとえば、東京都などのクレジットでは、使用目的が政府目標への貢献や地方公共団体への協力である場合、東京都へのクレジット無償移転時に地方公共団体への寄附金として処理される。一方で、使用目的が地方自治体により賦課された義務の履行の場合は、義務履行時に販管費として損金算入される。つまり、目的が変わると取り扱いが変わるということになる。

■図表1-16　クレジット取引の税務に関する課題

使用目的		国内クレジット （現在Jクレジットに統合）	東京都などのクレジット 日本における
政府目標への貢献 地方公共団体への協力		●取得時に資産計上 ●政府へのクレジット無償移転時に国への寄附金として処理 平成22年3月国税照会	●取得時に資産計上 ●東京都へのクレジット無償移転時に地方公共団体への寄附金として処理 平成30年11月国税照会
地方自治体により 賦課された義務の履行		N/A（当時使用不可）	●取得時に無形固定資産計上 ●義務履行時に販管費として損金算入 平成24年6月国税照会
その他	温対法やCDPなどの報告での活用	N/A（当時使用不可）	●取得時に資産計上 ●クレジット無効化時に費用または損失の額として損金算入 平成30年11月国税照会 （注）カーボンオフセット以外への活用の可否は要確認
	カーボンオフセット制度での利用（CSRや広告宣伝）		
	各種補助金制度での活用など		

　また東京都などのクレジットとJクレジットを比較してみると、使用目的が"その他"の場合、前者ではクレジット無効化時に費用または損失の額として損金算入するのに対し、後者では取り扱いは明確にされていない。

　このように、税務上の扱いは統一的なものが示されておらず、今後クレジット取得に際しては、使用目的などの事実関係を踏まえて、個別に検討することが重要となってくるだろう。

税務上の取扱い

J クレジット	グリーン電力証書	非化石証書
使用は想定されていないと考えられる	使用は想定されていないと考えられる	使用は想定されていないと考えられる
使用は想定されていないと考えられる	●証書取得時に仮払金 ●東京都再エネクレジット変換時に無形固定資産計上 ●義務履行時に販管費として損金算入 平成24年6月国税照会	使用は想定されていないと考えられる
取扱いは明確にされていない （Jクレジット制度では寄附金という整理で案内している）	取扱いは明確にされていない （JQAでは寄附金という整理で案内している）	●取得時に資産計上 ●電気販売時に一体的に活用した分の損金算入処理が一般的と考えられる （注）分離販売で需要家が直接購入する仕組みは制度議論中

ICPを導入検討する企業が増加

　ICPとは、企業が独自に炭素価格を設定し、組織の戦略や意思決定に活用する手法である。TCFDは「企業内部で開発される炭素排出の推定コスト」と定義し、収益の機会とリスクを特定するためのプランニングツール、コスト削減のためのエネルギー効率化のインセンティブ、資本投資の意思決定のガイドなどに活用できるとしている。

　2020年にICPを導入した企業数は約1,300社に達しており、気候変動のリスク・機会を企業の戦略決定やコーポレートガバナンス、リスク管理に取り込む動きが加速している。

　ICPは、組織が独自に自社CO_2排出量に価格を付け、企業活動を低炭素化するために利用する概念といえるもので、一般的にShadow Price（シャドープライス）、Implicit Price（暗示的価格）、Internal Carbon Fee（内部炭素課金）という3つの種類に分類される。

　たとえば、シャドープライスの場合、その目的は、GHGに仮想内部価格を設定することで定量化を図り、それを評価や判断に利用することである。排出権価格などの外部価格を活用し、自社で設定する仮説に基づいて炭素価格を設定、事業活動に対する影響などを算出する。炭素排出のコストに金銭価値を与えることで、現在や将来の事業活動に対する影響を定量的に明らかにし、投資判断などに活用していく。

　ICPの導入については、その導入目的を整理し、価格・影響力・範囲を踏まえて設計を行う必要がある。

　一般的な目的としては、低炭素目標の達成、低炭素投資の推進、情報開示の推進、投資家・評価機関へのアピール、規制への準備・機会の獲得、炭素税などによる経済的影響を把握、などがあり、取り組みの要因（内的・外的要因）や投資行動の緊急度で整理する必要がある。

　設計のポイントとしては、価格（法制度の考慮など）、影響力（投資などの意思決定の指標として活用性）、範囲（Scope 1 - 3や対象部門などの範囲）などがあげられる。

　そして導入段階として、①見える化、②基準化、③基金化、という順番で高度化していく。①見える化とは、内部炭素の価格を見える化していくことであり、②基準化とは、設備投資のための判断指標として使用するこ

と、③基金化とは、インターナルカーボンフィーを徴収し脱炭素を推進することをいう。

　ICPを低炭素設備投資のために活用する場合は、設備投資実行側の事業部との連携や内部当事者間の理解が重要になる。その場合、以下のような課題が発生する可能性がある。

　まずICP運用上の課題として、低炭素から生じる負荷のコントロールがある。低炭素投資の実行の結果、生じることが想定される事業部サイドの減価償却費負担について、設備投資実行側の理解を得るための仕組み（管理会計上の手当てなど）をどう構築するか。これには、手当てなどを算定する際のICP価格の妥当性という税務上の課題もある。

　また、低炭素投資における評価の仕組みづくりにおいて、どのような評価基準を設定すれば、低炭素投資を促進するインセンティブとなり、事業部側で積極的に低炭素投資が実行されるか。これにも、KPI設定に関わるICP価格の妥当性という税務上の課題がある。

　さらに、事業部サイドの低炭素投資の自発的な推進力が減速・停滞することを避けるための抑止策は、どのような仕組みで生み出すのがよいかという課題があり、ペナルティ設定時の授受に関する税務処理の課題もある。

LCAへ移行でカーボンプライシングは
ライフサイクル全体に影響を及ぼす

　現状では、カーボンプライシングの各施策（炭素税、排出権取引、CBAM）において、コンプライアンス義務の対象者は一部の事業者に限られている。ボランタリーの仕組みであるクレジットやICPについても、サプライヤーを除く一部の会社での対応になっている。

　だが、将来的にカーボンプライシングは、その仕組みの拡充や、自動車業界におけるLCAの精緻化や製品LCAへの移行によって、ライフサイクル全体に影響を及ぼす仕組みになっていくことが考えられる。製品LCAが向上することで、カーボンプライシングの仕組みも拡充するという構図である。

　コンプライアンス義務のカーボンプライシングに関しては今後、排出量算出の精緻化によって炭素価格を付す対象が拡大し、納税主体が上流（化石燃料の消費者）から下流（最終消費者）に移行することも予想される。クレジットに関しては、サプライヤーを含むライフサイクル全体の排出量に対して、クレジットの取得によるカーボンオフセットの実行が考えられる。ICPに関しては、ライフサイクル全体での炭素価格の見える化や、ライフサイクルに属する各社の投資判断への適用、課金による資金授受などが予想される。いずれにしても、各施策の動向を捉えながら、柔軟に対応していくことが望まれる。

ⅰ）World Bank. 2022. State and Trends of Carbon Pricing 2022. State and Trends of Carbon Pricing;. Washington, DC: World Bank. © World Bank. https://openknowledge.worldbank.org/handle/10986/37455 License: CC BY 3.0 IGO.

6 LCAとカーボンクレジットの関係性

脱炭素の自主努力で達成できない場合は、カーボンクレジットを活用する

　今、企業はどのようなロードマップで脱炭素に向けて進んでいけばよいのだろうか。

　企業活動の脱炭素手段は数多くあるが、まずは現状の温室効果ガス（GHG）排出量を把握することから始まる。Scope 1、2、3における排出量を定量化したうえで、脱炭素動向を捉えた事業ポートフォリオの再編を行う。その次に来るのが、省エネルギーなどによるGHG削減策だ。

　さらに、自社バリューチェーンでの電化や電力グリーン化、水素やCCUS（Carbon dioxide Capture,Utilization and Storage、二酸化炭素回収・有効利用・貯留）など、新技術を活用した脱炭素ビジネスの開発や、新規事業への参入などが考えられる。

　自動車関連企業においては、自社の事業や拠点ごとのGHG排出量（Scope 1、2を優先し、可能であればScope 3）を把握することがスタートになる。そのうえで、GHG排出量の削減目標と現状のギャップ分析によって、GHG排出の削減方法を選択することが望ましい。

　省エネや電力グリーン化については、業務オペレーションの改善点として、その方法を検討することが合理的だ。

　その一方で、化石燃料消費が避けられない内燃機関（ICE）事業を、経営戦略としてどのように位置付けるかの検討は避けられないテーマとなって

■図表1-17　脱炭素化に向けた手段とカーボンクレジットの位置付け

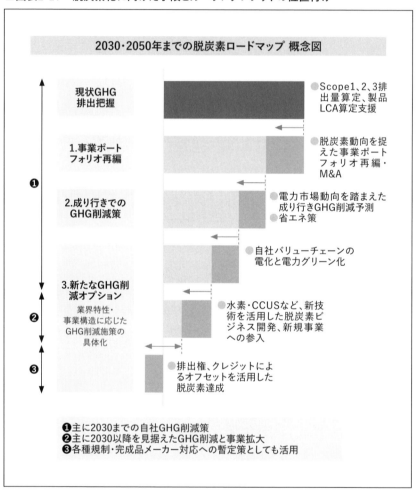

いる。経営方針で抜本的に排出量を下げる必要があると判断する場合は、事業ポートフォリオの再編（例：炭素排出量の多いICE事業のカーブアウト）も検討の視野に入ってくる。

　こうした活動は企業の自主努力になるが、今回着目するのは、これらの自主努力をもってしても脱炭素を達成できない場合に活用されるカーボンクレジットによるオフセット、つまりカーボンオフセットである（図表1-17）。

　カーボンオフセットとは、経済活動や生活などを通して排出されたCO_2などのGHGを、GHG削減・吸収活動（削減・吸収量）で埋め合わせ（相殺）するという考え方の総称である。このカーボンオフセットに活用される権利として考案されたのが、カーボンクレジットである。

　より詳しく解説すると、カーボンクレジットとは、再生可能エネルギーや省エネルギー機器の導入、または新規植林や間伐などの森林管理によって削減・吸収したGHG量を、決められた方法論によって算定し、取引可能な権利にしたものである。日本ではJクレジットが代表例であり、世界的には、VCS（Verified Carbon Standard）などのNGOや民間団体が主導するボランタリークレジットが多数存在する。日本における類似性が高いものとしては、非化石証書やグリーン電力証書などがある。

カーボンプライシングは企業を脱炭素へと促す手法の一種

　そもそもカーボンクレジットが生み出された背景には、脱炭素に向けた取り組みを促進するために、企業が排出する炭素（カーボン）に価格を付け、排出に対して経済的な負担を強いる取り組みの必要性が生じたことがある。

その脱炭素に向けた取り組みを促進するカーボンの価格付けはカーボンプライシングと呼称される。

　一言で言えば、カーボンプライシングとは企業を脱炭素へと促す手法である。企業の行動としてはカーボンを自主削減することが望ましいが、自主削減にかかるコストより前述のカーボンクレジットなどで、外部による削減効果を安価に調達できる場合、カーボンクレジットを活用したオフセットの利用が検討される。また、カーボンプライシングの手法の1つで

■図表1-18　カーボンプライシングは企業を脱炭素へと促す手法

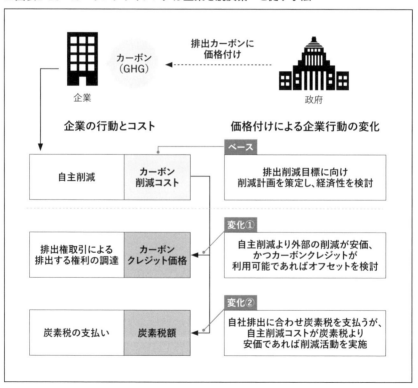

GHGの排出原単位に課税する炭素税の場合は、自社排出量に合わせて炭素税の支払い義務が生じるため、自主削減コストが炭素税より安価であれば、企業は削減活動を実施することになる。これらの手法は、経済全体で効率的に削減を行えるよう企業を促し、企業が自社の事業活動の指針としてカーボンクレジットを活用することを目的としている(図表1 − 18)。

　このカーボンプライシングにおいて重要な点は、政府や国際機関などの公的機関が規制する方法と、民間企業が主体となって規制する方法の2つの区分が存在し、複数の手法が共存していることである(図表1 − 19)。

　より詳細に見ていくと、前者の政府・地域組織などによるカーボンプライシングは、明示的カーボンプライシング(直接的な価格付け)、暗示的カーボンプライシング(間接的な価格付け)に分けられる。明示的カーボンプライシングには、日本国内全域での導入が検討され2022年9月から実証実験が始まった排出権取引制度(一部地域で導入事例あり)や炭素税などがある。一方で、暗示的カーボンプライシングには、日本国内ですでに導入されているFIT(再生可能エネルギーの固定価格買取制度)や燃料に対する地球温暖化対策税などのエネルギー課税がある。

　これに加えて、後者の民間によるカーボンプライシングには、民間セクターが主導して運営し、規制や政策にかかわらず自主的にクレジットの発行・活用がなされるボランタリークレジット制度や、企業が独自に炭素排出量に価格を付けて投資判断に活用するICPがある。

　政府や国際機関が規制する排出権取引や炭素税などの制度はコンプライアンス方式と呼ばれる一方、民間企業が主体となる制度はボランタリー方式と呼ばれ、企業の自主的な削減行為をNGOなどの民間団体がクレジットとして認定する。

　たとえば、コンプライアンス方式で、カーボンクレジット制度の代表例

■図表1-19　排出権はカーボンプライシングの一種

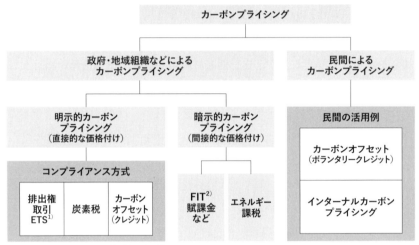

1）　Emissions Trading System （排出権取引制度）
2）　Feed In Tariff （再生可能エネルギーの固定価格買取制度）

出典：OECD (2013)「Climate and carbon: Aligning prices and policies」、日本エネルギー経済研究所
「国内外のカーボンプライシング」、経済産業省「インターナルカーボンプライシングの概要」よりPwC作成

である排出権取引制度は、大気中のGHGを増やさない国際合意や国・地域の規制により、企業などのGHG排出量に上限を設ける政策手法である。具体的には、国や地域が当該地域でのGHGの総排出キャップ（排出枠）を設定し、その排出枠を企業などの排出単位ごとに割当てて個別企業ごとのGHGの排出可能上限（排出権）を設定する。企業は、国や地域の設定する排出権の割当量以内であれば追加施策の必要なくGHG排出が認められる。しかしながら、排出権の割当量を超える場合には、超過した排出量分について、他の企業で余剰となっている排出権（カーボンクレジットに相当）や、その国・地域の制度で利用が認められているカーボンクレジットを調達しなければ排出が認められない（図表1 −20）。言うなれば、排出権とは、粗大ごみを捨てるときに購入する地方自治体のごみ処理券に似ている。

ごみの埋立地に限界があるように、気候変動の影響を抑えられる大気中の
GHGにも限界があるため、排出権を国から買うか誰かから譲り受けなけ
ればならないのだ。

　このようにカーボンプライシングには複数の種類があるため、各区分の
特徴を理解しなければ、自社への影響を正確に把握することは不可能だ。
全体像の理解のためには、複数制度間での相違点を押さえることが重要に
なる。

■図表1-20　排出権は脱炭素の取り組みを促す制度

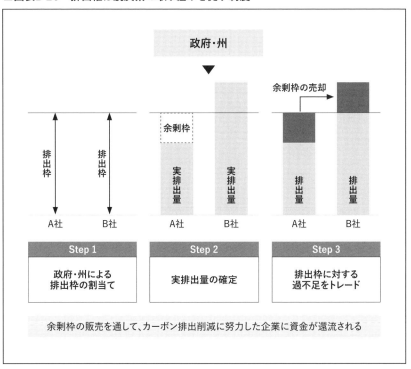

　自動車関連企業では、自動車メーカー（OEM）におけるICPの動向に注視したい。日本国内では明示的な炭素税の導入や排出権取引の本格導入はなされていないため、内燃機関事業からシフトする外部圧力が働きづらい状況になっている。その一方で、OEMは自発的にICPを導入して、自社の投資判断に自主的にカーボン価格を織り込むことで、サプライチェーン全体でGHG排出量の多い内燃機関事業からの事業転換を進めている状況にある。サプライヤーにおいても、OEMが設定しているICPの水準に注視して自社の炭素コストを検討してみるのは一案といえるだろう。

クレジット化が認められる企業の自主努力には類型がある

　前述したようにカーボンオフセットの概念とは、自社事業活動において最大限削減の努力をしたうえで、削減しきれない排出量をカーボンクレジットで相殺することである。前項まではカーボンクレジットを利用する制度の概観を見てきたが、ここからはカーボンクレジットがどのように創出・取り引きされるのかを見ていきたい。

　まず、世界においてすでに広く普及しているのが前述の排出権取引制度による排出権がカーボンクレジットの一種として取り引きされている手法である。排出権取引制度では、国・地域の規制によって各企業に排出権が割当てという形で分配された後、余剰の排出権が生じた企業は排出権が不足する企業に対して売却することが可能となっている。世界のなかでも最も取引量の多いのが欧州排出権取引市場（EU-ETS）で、総排出可能上限（キャップ）は約15億トン、取引市場規模は約2,000億ユーロという額になっている。一方で、日本における排出権取引制度は実証実験段階にあり、今後の制度の確立によってカーボンクレジットの一種としての排出権の創出、

活用の拡大が期待される。

　これに対し、日本でもすでに利用されているのが個別のカーボン削減プロジェクトに根差した手法である。この手法では、炭素を削減する何かしらのカーボン削減プロジェクトを実施し、そのプロジェクトによって生み出された排出削減量がカーボンクレジットとなる。このカーボンクレジットの創出にあたっては、公的機関や民間団体などの第三者が、認証標準（スタンダード）に基づいて、ベースライン排出量（プロジェクトが実施されなかった場合に想定される排出量）を客観的に認証し、プロジェクト実施後の排出削減量を計算してカーボンクレジットを創出する（図表1−21）。

　では、そのカーボン削減プロジェクトにはどのようなものがあるのだろうか。クレジット化が認められる取り組みには、客観性を担保するために類型が存在する。

　1つは、Nature-Basedといわれる森林関連のプロジェクトだ。森林は樹木が成長する過程で大気中のGHGを吸収する働きがあるため、植林、森林伐採の防止などがカーボン削減プロジェクトとして認められている事例が多い。具体的には、パラグアイ農地・草地再植林プロジェクトや、セネガルマングローブ復旧プロジェクトなどの失われた森林を回復することで、新たな炭素の吸収源を増やすというプロジェクトの事例がある。一方で、森林伐採防止によって炭素の吸収源を維持するという方法もあり、実際にブラジルのプロジェクトでは、年間55万トンものCO_2排出が回避されている事例もある。

　もう1つは、Technology-Basedと呼ばれる産業関連のプロジェクトである。代表的なものとして、産業施設の省エネルギーや、再生可能エネルギーの導入などがある。たとえば、インドの紙パルプ工場の省エネプロジェクトでは、工場内機械を効率改善のために設備改修して年間の電力消費

■図表1-21　ボランタリークレジットはプロジェクトの排出削減を活用

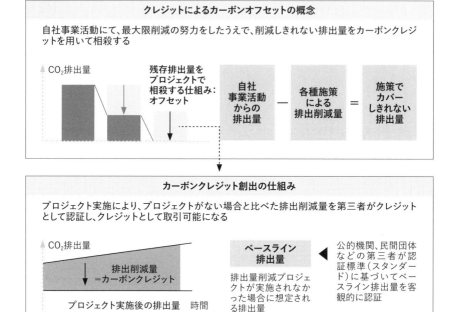

削減量・吸収量をクレジットとして認証することで、自発的な削減・吸収プロジェクトの組成を促進

量を削減、約9万5,000トンのCO_2削減を実現した事例がある。変わった
ところでは、船舶関連の省エネとして、船舶の塗装を低燃費防汚塗料に換
装することで燃費を向上させ、CO_2削減を実現してクレジットを生み出し
ている例もある。

　日本国政府が認証機関となっているJクレジット制度では、複数の方法
論のプロジェクトが認められており、特に省エネルギーが事例の主なもの
となっている。たとえば、ボイラーやヒートポンプ、空調設備や自家用発

電機の導入などがクレジット創出の対象となっている事例が多い。その他、再生可能エネルギーの導入や工業プロセスの変更、農業ではバイオ炭の農地施用、廃棄物では食品廃棄物などの埋め立てから堆肥化への処分方法の変更、森林においては森林経営活動などの方法も、クレジット創出の方法論として認められている。

　こうしたカーボンクレジットを企業が取得するには2つの方法がある。1つは「クレジット創出」で、企業の株式で言うところのプライマリーにあたる。創出についても複数の手法があり、自社でプロジェクトを開発する形態の他、単独出資や共同出資、デベロッパー出資、ファンド出資など、資金提供の見返りにクレジットを取得する方法もある。自社でプロジェクトを開発する場合、難易度は高いがノウハウが社内蓄積され、コントロールが利きやすいというメリットがある。また、プロジェクトやデベロッパー、ファンドに出資する場合は、プロジェクトの開発や運営のノウハウを出資先から補完してもらい、労力を節約してプロジェクトからクレジットの取得が期待できるというメリットがある。

　もう1つは「クレジット購入」で、株式でいえばセカンダリにあたる。つまりは、クレジットを持っている人から購入するという方法だ。この方法だと、創出にかかるリスク負担なしにクレジットを取得でき、開発に要する時間を考慮しなくてもよいという利点がある。ただし、クレジットの需給がタイトになると価格高騰のリスクがあり、必要時に調達が困難になる可能性もある。

　現在、国内外の自動車OEMやサプライヤーは、どのようにカーボンクレジットの創出を行っているのだろうか。日本国内のJクレジットの実績

を見ると、生産設備における省エネプロジェクトの事例が数例見られる程度となっており、今後、カーボンオフセットの利用を真剣に検討する場合は、他社からのカーボンクレジット購入に加えて、自主的なカーボンプロジェクトの事例も視野に入るものと思料される。

　一方、米国内では、環境保護庁が定めるGHG排出基準を下回る車両の生産によって、OEMはクレジットを獲得できる制度が確立されている。逆に言うと、GHG排出基準を超える車両の生産をする場合は、クレジットの購入が必要となるのだ。本制度下では、1社のOEMがクレジットの供給元となっており、その他のOEMが需要先となっている状況がある。

LCAに算入可能なクレジットには
種類が存在するため選択が重要

　カーボンクレジットをLCAに算入するにあたって、注意しなければいけないのは、日本で流通しているカーボンクレジットのうち、国際的イニシアチブなどの制度のなかで、企業の炭素排出量の減算が認められているものは限定されているという事実である。

　たとえばJクレジットの場合、再エネ由来のクレジットは、「SBTやGHGプロトコルなどの国際的なLCA算定のイニシアチブで利用＝GHG排出量削減が認められている」が、省エネ由来のクレジットは削減が認められていない。つまり、前述したJクレジットの省エネ由来の多くの方法論は、現状ではLCAに算入することができないことになる。また、民間が認証団体を務めるボランタリークレジットに関しても「制度下における利用は検討中」であるため、現状では実質的に認められないことになる。したがって、自社のLCA計算がどの制度を基礎としているかを正しく把握

し、クレジットを選択していくことが重要になる（図表1−22）。

　では、日本のクレジット市場には、どのような課題があるのだろうか。日本ではクレジットの需給、流通ともに課題を抱えていると経済産業省は分析しており、国がその対応方針を示している段階だ。

　まずクレジットの需要からいうと、日本のクレジットにはJクレジットや証書、ボランタリークレジットなど多くのクレジットが存在し、方法論も多様であるため、LCAの観点から何を調達すればよいのか判断しづらいという課題がある。また、国際イニシアチブで使用できるクレジットと、「地球温暖化対策の推進に関する法律（以下、温対法）」や「エネルギーの使用の合理化等に関する法律（以下、省エネ法）」などの国内の制度で使用できるクレジットに差異が生じている問題もある。たとえば、ガス業界で普及が始まっているカーボンニュートラルLNGは、燃焼時の炭素排出量をオフセットするためボランタリークレジットを充当している事例が多く、この場合、国内制度（温対法、省エネ法）ではLCA算定から減算できない。そのため、カーボンニュートラルLNGの普及・促進のためには国内外の制度の整理が必要と目される。

　クレジット供給の観点では、需要拡大に見合った供給量を確保するため、さまざまな方法論を制度として認証する必要性が指摘されている。現状のJクレジットの制度では、大気から直接炭素を回収・貯留するDACCS（Direct Air Carbon Capture and Storage）やバイオエネルギーを使って炭素を回収・貯留するBECCS（Bio-energy with Carbon Capture and Storage）などの新技術や、海洋生態系を活用したブルーカーボンなどの自然由来クレジットなど、将来、普及が予想される取り組みがカバーされていないという課題が指摘されている。

　クレジット流通に関しては、クレジットの入札制度はあるものの相対取

引が主であり、取引量・価格が不透明であるという課題がある。この課題については、前述の通り、2022年9月から始まった国内排出権取引制度の実証実験の結果を注視したいところである。さらに、複数のクレジット制度間での関係性の整理も指摘されているところである。具体的には、Jクレジットより非化石証書の供給量が多いなかで、両者間で価格差(Jクレジットのほうが高い)が生じており、いびつな取引構造とならないよう複

■図表1-22　各クレジットと国際的なイニシアチブの関係性

	Jクレジット (PJ期間有効)		JCM (PJ期間有効) 政府
	再エネ由来	再エネ由来以外	
CO$_2$削減場所	国内		海外パートナー国
第三者認証	ISO認定機関による認証		ISO認定機関による認証
適切なモニタリング、管理、報告	○		○
パリ協定における取り扱い	国内活動が対象のため調整不要		○
活用可能な制度	●温対法、低炭素社会実行計画への報告 ●企業の自主的なオフセット	●同左+省エネ法*への報告 ●企業の自主的なオフセット	●温対法、低炭素社会実行計画への報告 ●企業の自主的なオフセット
SBT	○	×	―
GHGプロトコルでの扱い	○	×	○(再エネ由来のみ)
電力小売企業での扱い	○	×	○
価格	3,278円/トン= 1.51円/kWh (2022年4月入札)	1,607円/トン= 0.74円/kWh (2022年4月入札)	― (流通量稀少)

出典：経済産業省「カーボンニュートラルの実現に向けたカーボン・クレジットの適切な活用のための環境整備に関する検討会」などからPwC作成

数のクレジットの需給構造がどのような関係性になっているかを分析する必要がある。

　このように、クレジットの種類や方法論は多様化しており、LCAの減算に利用しようとするユーザー目線ではわかりにくくなっているのが現状だ。国は対応方針を出しているが、今後、どのように制度設計がなされるかが注目される。

		民間
非化石証書 （単年度有効）	グリーン電力証書 （単年度有効）	ボランタリークレジット （VCS, Gold Standardなど）
国内	国内	海外
国による認証	ISO認定機関による認証	○or×
○	○	○or×
国内活動が対象のため 調整不要	国内活動が対象のため 調整不要	議論中or×
●エネルギー供給構造 　高度化法の目標達成 ●温対法に基づく排出係数 　引き下げ	●温対法、低炭素社会実行 　計画への報告 ●企業の自主的なオフセット	●企業の自主的なオフセット
○（再エネ由来のみ）	○	検討中
○（再エネ由来のみ） Scope2のみ	○ Scope2のみ	検討中
○	○	不可
0.60円/kWh （非FIT再エネ指定、 2021年度価格）	2〜7円/kWh （2021年度環境省 事業者ヒヤリング）	― 認証制度ごとに 価格決定

省エネ法における共同省エネ事業として省エネプロジェクト由来の
クレジットのみ報告可能。現状、同法において再エネ事業は報告不可

　自動車関連企業がLCAの計算をするうえで注意しなければならないのは、GHG排出の測定・削減をどのように目的設定するかに応じて、クレジットの種類を選別する必要があるという点だ。自主的にクレジットの利用によるGHG排出削減をPRする場合は、特にクレジットの種類を選ぶ必要はない。その一方で、温対法などの規則や、OEMからの脱炭素要請が広く認知されている第三者基準（SBTやGHGプロトコルなど）に準拠した脱炭素手法を求める場合は、クレジットが当該基準においてどのように取り扱われているかを確認することが重要になる。

気候変動に係る情報開示ルールの 動向と日本の自動車産業における論点

気候変動問題に関する情報開示要求が増加する背景

　近年、自動車産業における多くの企業は、気候変動問題が経営に与える リスク（気候変動リスク）を真剣に討議し、将来的に事業を存続していくた めの経営方針や戦略の抜本的な変革に着手している。また、気候変動問題 に対応した経営方針や取り組みをウェブサイトや統合報告書などで開示す る企業も増えている。

　多くの企業が気候変動問題に関する情報開示を充実させている背景には、 言うまでもなく気候変動問題への関心の高まりを受けた近年の急速なESG 投資の増加がある。こうした流れを受け、日本を含む世界のいくつかの国 や法域では、投資家向けの気候変動に関わる企業情報の開示を要求する法 令（開示制度）の整備が急ピッチで進められている。一方で、開示する情報 を作成する際のルール（開示基準）が、複数存在していることが大きな問題 となっており、開示基準の世界的な統一に向けた取り組みが現在進められ ている。開示情報を作成する企業も今後、その対応においてさまざまな問 題に直面すると考えられている。

　本節では、まず開示制度および開示基準の動向を解説し、次に日本の自 動車産業の関連企業が直面する問題点について考察する。なお、本節では 企業を報告単位とした情報開示を対象とし、製品やサービスを報告単位と するLCAは対象としていない。

開示制度および開示基準の動向

世界の開示制度の動向

　情報の開示制度は、各国または法域の政府により法令として定められるものである。日本の金融商品取引法において、上場企業が財務諸表などの開示を求められるように、気候変動リスクに関する企業活動の情報、たとえば温室効果ガス（GHG）排出量の情報開示を企業に要求するには、法令による強制力が前提となる。現在、法令の整備状況としては、EUが先行しているものの、米国や日本においても急ピッチで作業が進められている。以下、本節執筆時点のそれぞれの現状を整理する。

　EUでは、2021年4月に現行の開示制度である非財務報告指令（Non-Financial Reporting Directive：NFRD）の改正案として企業サステナビリティ報告指令案（Corporate Sustainability Reporting Directive：CSRD）が公表され、開示が要求される対象企業が大きく拡大された。CSRD案では、グローバル企業のEU子会社およびEU域外の親会社にも情報開示が要求される可能性があることが大きな特徴である。また、開示情報に第三者保証も要請している。

　米国では、2022年3月に米国証券取引委員会（SEC）が気候変動関連の情報開示をすべてのSEC登録企業に義務付ける提案を公表した。この提案では、大規模早期提出会社は2023年からGHG排出量の報告が義務付けられ、さらに、2024年から第三者によるGHG排出量の保証も義務付けられている。

　日本では、2021年6月に改訂されたコーポレートガバナンス・コード

において、プライム市場の上場企業はコーポレートガバナンス報告書のなかで「TCFDまたはそれと同等の国際的枠組み」に基づく気候変動影響を開示することが求められている。

　また、2022年11月に金融庁は有価証券報告書におけるサステナビリティ情報の開示を求める「企業内容等の開示に関する内閣府令」（開示府令）などの改正案を公表した。この改正案では人的資本の開示が主な内容であるが、金融庁は従来、GHG排出量について重要性の判断を前提としつつ積極的な開示を期待するとしている。

世界の開示基準の動向

　開示される情報を利用者にとって価値のあるものにするために、これらの情報にも作成のルールが必要となる。現在は多くの開示基準が世界中で乱立している状態で、企業にとっては開示に関する負担が重く、情報利用者にとっても比較ができず利便性に欠けるという問題がある。このような状況を受け、関係団体はコンバージェンス（収斂）に向けた取り組みを進めている（図表1-23参照）。この取り組みの軸になっているのは、国際サステナビリティ基準審議会（International Sustainability Standard Board：ISSB）である。

ISSBが公表する開示基準

　ISSBとは、国際財務報告基準（IFRS）を開発したIFRS財団が設立した団体であり、2021年11月に英国で開催されたCOP26において設立が発表された。ISSBは、2022年3月31日に以下の2つのサステナビリティ開示基準の公開草案を公表した。これらの公開草案は、コメント募集期間（2022年7月29日期限）を経て、2023年早期までの最終化が目標とされている。

■図表1-23　ESG-基準をめぐる動向

包括的な報告基準／フレームワーク（ESGの課題を幅広く扱う）

- GRI
  - GRIスタンダード
- VRF（バリューレポーティング財団）
  - SASBスタンダード
  - 国際統合報告<IR>フレームワーク

個別の課題を対象とする基準／フレームワーク／プロトコル

- CDP
- TCFD（気候関連財務情報開示タスクフォース）
- CDSB（気候変動開示基準委員会）

など

ESGの原則やガイドライン

- SDGs（持続可能な開発目標）
- 国連指導原則報告フレームワーク
- WBCSD（持続可能な開発のための世界経済人会議）

など

サステナビリティ格付けやランキング

- FTSE Russell
- MSCI
- S&Pグローバル

格付けやランキングは多数存在。ここでは日本の公的年金の積立金を運用する年金積立金管理運用独立行政法人（GPIF）が採用しているESG関連指数一覧で登場する機関を取り上げた。

など

コンバージェンス（情報の収斂）に向けた大きな動き

包括的なイニシアチブ／アライアンス

- ISSB（国際サステナビリティ基準審議会）
  - IFRS財団、CDSB、VRF（SASBスタンダード、国際統合報告<IR>フレームワーク）他
- WEF IBC（世界経済フォーラム 国際ビジネス評議会）
  - 120名を超えるグローバル企業のCEOが参加
- EU taxonomy、CSRD（企業サステナビリティ報告指令）
  - 欧州委員会が主導

など

英語略称の正式名称について		
	GRI	Global Reporting Initiative
	VRF	Value Reporting Foundation
	SASB	Sustainability Accounting Standards Board
	TCFD	Task Force on Climate-related Financial Disclosures
	CDSB	Climate Disclosure Standards Board
	WBCSD	World Business Council for Sustainable Development
	ISSB	International Sustainability Standards Board
	WEF IBC	World Economic Forum International Business Council
	CSRD	Corporate Sustainability Reporting Directive

出典：PwC Japan発行 ESG 10minutes vol.1（2021年12月）

この他にEUおよび米国において独自の開示基準案が公開されているが、ISSBの基準は国際的な規範となることが期待されている。

　IFRS S 1 号「サステナビリティ関連財務情報の全般的要求事項」
　IFRS S 2 号「気候関連開示」

　S 1 号は、気候変動に限らずサステナビリティ全般に共通する開示要求事項を、S 2 号は、気候変動リスクに特化した開示要求事項をそれぞれ定めている。S 2 号の公開草案では、従来の気候変動に係る開示基準に比べ、要求事項が具体的になっている。次項ではS 2 号において論点となるポイントをいくつか紹介する。

　これらサステナビリティ開示基準では、TCFDが2017年に公表した最終報告書(TCFD提言)における 4 つのコア・コンテンツ(ガバナンス、戦略、リスク管理、指標と目標)を開示することが求められている。また、コア・コンテンツの 1 つである「指標と目標」については、産業別の開示指標と産業横断的な開示指標を提案している(図表 1 - 24)。

IFRS S2号における論点

　以下、S 2 号の開示要求事項における論点をピックアップして紹介する。
　【戦略】
●財務的影響の定量的開示

　気候関連リスクと機会が企業に与えると予想される財務的な影響を、定量的に開示することが企業に対し求められている。TCFDの2021年のステータス・レポートでは、このような財務的影響の定量的開示はほとんど行われていないことから、多くの企業にとって算定が困難であることがう

■図表1-24　IFRSサステナビリティ開示基準の全体像

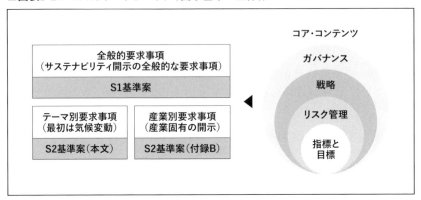

かがわれる。S2号の結論の根拠では、算定が困難である理由として、気候関連リスクおよび機会は通常の事業計画に比べて長い時間軸での予測が必要とされること、影響が財務上のどの勘定科目へ帰属するかの判断が難しいことなどがあげられている。そのような困難に配慮し、財務的影響はレンジ形式での開示が認められている。

●気候レジリエンスの説明とシナリオ分析

　気候レジリエンスとは、気候変動に関連する将来の不確実性に対する企業の適応力のことである。S2号では企業の気候レジリエンスを説明するために、シナリオ分析を用いなければならないとされている。シナリオ分析とは、所与の仮定の組み合わせのもとで複数の代替的な将来の状態（シナリオ）を設定して、それぞれのシナリオ下での企業の財務的影響を評価する手法であり、長期的な将来予測が必要となる気候関連リスクに合った手法であると考えられる。この手法はまだ発展途上の段階にあることから、公開草案上ではシナリオ分析を実施しない企業には代替的な手法が認めら

れていたものの、2022年11月に実施されたISSBにおける会議の結果、シナリオ分析を求めることとし代替的な手法を認める文言は削除された。

【指標と目標】

●GHG排出量のScope 3の開示

　気候関連リスクにおける代表的な指標であるGHG排出量は、産業横断的な指標としてすべての産業に属する企業に対して開示が求められている。GHG排出量は算定ルールを定めたGHGプロトコルによりScope 1、2、3に分類されているが、S2号では仕入先における排出量も含んだScope 3も開示対象とされている。なお、本節執筆時点の最新動向として、12月15日にISSBはScope 3の開示を企業の負担を考慮し基準の発効日から少なくとも1年間猶予すると発表している。Scope 3は15個のカテゴリーで構成されており、数万点の部品から構成される長いサプライチェーンを持つ自動車産業にとって、カテゴリー1（購入した物品と役務）が最も重要な指標になると考えられる。カテゴリー1の開示にあたっては、算定にあたり仕入先から提供された情報の説明、提供を受けていない場合はその理由を開示しなければならない。カテゴリー1の算定の際の課題について次に考察する。

日本の自動車産業が直面する論点

気候変動リスクに対する体制整備

　気候関連リスクの開示基準への対応のために企業が新たに収集しなければならない情報は非常に多く、情報収集のためのシステム基盤が必要となる。また、企業の方針や戦略、ガバナンス体制の転換が必要となる。

対応が必要な事項の例

ガバナンス領域	● 気候変動関連リスクに係る役割と責任の明確化、プロセスおよび内部統制の確立
戦略領域	● 気候関連リスクと機会が与える財務的影響の定量的評価 ● 気候レジリエンスの説明のためのシナリオ分析
リスク管理領域	● 気候関連リスクと機会を識別・評価するプロセスの確立 ● 既存の全体的なリスク管理プロセスとの統合
指標と目標領域	● GHG排出量の測定のためのシステム、プロセスおよび内部統制の構築 ● 目標および重要業績評価指標（KPI）の設定

　気候関連リスクへの対応は全社を挙げた組織横断的な取り組みが必要となる。そのため、先行して気候変動問題に対応している企業のなかには、トップマネジメント直轄の専任組織を新設し、組織横断的な活動を展開しているケースもある。

GHG排出量算定の内部統制

　今後、企業が開示するGHG排出量の重要性はさらに高まると予想されている。また、本節のテーマではないものの、カーボンプライシングによる炭素税、排出権取引、国境炭素税などが各国で適用に向けて準備中であり、GHG排出量の開示情報は企業価値にますます重要な影響を与えるようになると考えられる。これにより、多くの企業において、役員や部門の重要業績評価指標（KPI）にGHG排出量の削減が織り込まれるであろう。

　それに伴い、GHG排出量の虚偽報告による株価下落などの負の影響は大きくなり、また、不正による虚偽報告のリスクも高まってくると予想される。不正のトライアングル理論では、不正リスクの要因は「動機」「機会」および「正当化」に大別される。この理論に従った場合、GHG排出量の虚偽報告の不正リスクについても、それぞれの要因に対応した対策が必要と

不正リスク要因と対策

区分	内容	対策(例)
動機	目標達成のプレッシャーなどにより不正を実行する動機が生まれること	権限と責任の明確化やKPIの見直し
機会	内部統制が整備されていないことなどにより、不正を実行する機会があること	内部牽制、チェック体制、情報へのアクセス制限、プロセスの自動化
正当化	倫理観の欠如などにより、自己の不正行為を正当化すること	コンプライアンス研修による倫理観の醸成

なると考えられる。

　企業の財務報告に関連するプロセスは、過去から繰り返されてきた不正開示の不祥事を受けて内部統制の必要性が重要視され、内部統制が制度化されてきたという歴史がある。現在では多くの企業において財務報告プロセスはシステムにより自動化され、内部統制が整備・運用されている。また、外部監査人による会計監査だけでなく、監査委員会または監査役、内部監査部門によるガバナンスが構築されている。一方で、GHG排出量の開示の要求は近年急速に高まってきたものであり、多くの企業では収集・集計プロセスはいまだ手作業であり、また、上述した内部統制やガバナンスは整備されていない状況である。TCFD提言などの開示基準では、気候関連財務情報に関連するガバナンスは、既存の財務報告に係るものと統合し、効率的に整備運用することが推奨されている。

Scope3の算定とサプライヤーとの共創

　GHGプロトコルのScope 3排出量の算定技術ガイダンスでは、カテゴリー1(購入した物品と役務)の算定は複数の方法の選択適用が認められている。これらを大別すると個々のサプライヤーから排出量情報を入手する方法と、簡便的に自社の購入量や金額などに排出原単位を乗じて算定する方

法がある。なお、簡便的な方法を採る場合、ISSBのサステナビリティ開示基準では、その旨と理由の開示が必要となることは上で述べた。

　簡便的な方法を採用している状態では、企業にとってScope 3排出量の実効的な削減策を検討することができないという問題がある。たとえば、以下のように購入量に排出原単位を乗じて算定する場合、排出原単位には環境省が公表している数値などの客観的な指標を採用することが求められるため、排出量を減らすためには購入量を減らすしか方法はない。

$$\text{GHG排出量} \quad = \quad \text{サプライヤーからの 購入量} \quad \times \quad \text{排出原単位}$$

　この方法では実態を正確に表示することができていないばかりか、企業がサプライヤーと協働して排出量を削減したとしても、その成果を表すことができない。そのため、まずは簡便的な方法で全体を把握し、排出量が大きいサプライヤーを特定した後に、それら重要なサプライヤーを対象に実際の排出量情報を個別に入手する方法を採用することになるだろう。また、Scope 3排出量の削減に向け、重要なサプライヤーとの間で、素材の変更や物流の効率化などの施策を検討し、排出量削減を共創していくことが求められる。このため、今後はサプライヤーが自社製品の排出量データの報告を得意先に求められることが増えてくると想定される。

　しかし、サプライヤーにとって、製品ごとの排出量を算定するのは容易ではない。また、複数の得意先を持つサプライヤーは、得意先ごとに異なるフォーマットでGHG排出量データの提出を求められることも想定される。また、将来的にScope 3排出量に第三者保証が求められた場合、内部統制の整備・運用が求められることになる。日本の自動車産業のサプライチェーンは多くの中小企業から構成されており、個々のサプライヤーが精緻な計算プロセスおよび内部統制を整備するのは現実的ではないといえる。

　1つの解として、サプライチェーンに含まれる企業が利用できる共有の
データプラットフォームを共同で構築することが考えられる。各企業が
GHG排出量の基礎データを入力し、参加企業はプラットフォーム上のデ
ータを利用してScope 3排出量を計算する。これにより、Scope 3排出量
の精度が上がるだけでなく、データ入手および計算のコストが大幅に下が
ることになる。また、第三者保証の手続きをプラットフォーム上で一元的
に実施することで、プラットフォーム参加企業の第三者保証に対するコス
トを大幅に低減することも可能となる。

　このようなデータプラットフォームの構築と運営は、企業の枠を超え、
さらに系列、業種の枠を超えて共同で行われることが求められる。これを
実現するには、デジタル技術の課題だけでなく、コストの負担、データ入
力のインセンティブをどのように付けていくかなどの多くの課題が存在し
ている。

　今後、サステナビリティ関連の虚偽開示が発覚することで生じる訴訟損
失や失われる企業価値はますます大きくなり、企業は信頼性のある開示情
報作成のためにガバナンス体制を構築することが求められるだろう。一方
で、気候変動関連の開示は、従来の財務報告と異なりサプライチェーン全
体の取り組み状況を開示することが求められているため、その事務負担は
上場している大企業にとどまらず、サプライチェーン上の中小企業にも及
ぶことが想定される。

　このような動きはGHGのScope 3排出量に限ったことではなく、人権リ
スクへの取り組みやサイバーリスク対応においても同様であり、裾野の広
いサプライチェーンを持つ自動車産業は、企業の垣根を越え、また系列の
垣根を越えて協力していくことが必要になってくると考えられる。

第 **2** 章

迫られるLCAへの対応

自動車サプライチェーンにおける LCA対応戦略

　自動車メーカー（OEM）がLCAの流れのなかで動き出している今、サプライチェーンの自動車部品メーカー（部品サプライヤー）にもLCAへの対応が求められ始めている。今、部品サプライヤーは何をすべきなのか。

カーボンニュートラルの課題に取り組むうえで、多くの部品サプライヤーは実践段階で苦労している

　カーボンニュートラルの課題に取り組むうえで、今、多くの部品サプライヤーは実践段階で苦労している。従来から排出ガス規制には取り組んできたものの、製造段階からCO_2を抑えなければいけないLCAへの対応で戸惑いを見せているのだ。

　企業各社が抱える典型的な悩みとしては、以下の5つがあげられる。

　1つ目はアジェンダの設定。カーボンニュートラルの重要性や取り組む必要性は認識しているが、誰に向けて何を目指すべきか、何から手を付けるべきかわからないという悩みだ。

　2つ目は、事業変革の姿や道筋が不明確であること。脱炭素やBEV向けの製品開発が重要なのはわかるが、足元で売れているICEV向けの部品の製造をやめられず、事業転換の道筋が描けないという悩みである。

　3つ目は、投資リソースや原資の問題だ。社内リソースの配分に関しては総論で賛成だが、事業部からの押し戻しがあるなど各論で反対がある。また、自社でカーボンニュートラルに取り組んだところでコスト増にしかならず、どのようにリソースを割くべきかわからない。

　4つ目は、実効性について。カーボンニュートラルの取り組みの検討は行ったものの、計画の推進主体やメカニズムが欠けていて、実行段階で腰砕けになって実行されない。

　5つ目は、投資対効果の定量インパクトである。投資コストが大きいために資金回収の見通しが立たず、収益圧迫につながると考えてしまい、カーボンニュートラルに向けた事業転換に後ろ向きになってしまう。さらに自社単体の体力では、カーボンニュートラル製品への投資採算が取れないという問題もある。

　一方で、OEM側の動きは早く、すでにGHGの排出を抑える設計・製造の工夫はもとより、再生エネルギー利用やBEV投入によって、サプライチェーン全体でカーボンニュートラルを目指す動きが出始めている。特に欧州のOEMは、Scope 1、2（自社製造段階）のCO_2排出量（2018年→2020年）を、再エネ利用率を上げることで、3〜4割と大幅に削減している。それに対して、日本の自動車メーカーも遅れ気味ではあるが、18％削減を達成している。

　さらに注目したいのは、Scope 3の新車平均CO_2排出量（2018年→2021年）において、2割程度削減済みであり、2035年までに全車ゼロエミッションにすることを発表している企業もあることだ。Scope 3は、部品サプライヤーの領域になるため、部品サプライヤーの対応が迫られることになる。つまり、部品サプライヤーにとって、カーボンニュートラルへの対応は、OEMとの取引確保のうえで非常に重要な課題になっているのだ。

部品サプライヤーにとって、カーボンニュートラルへの対応は、OEMとの取引確保、投資資金確保の観点で外せない

　OEMは、部品サプライヤーに対して、どのような要求を出しているのだろうか。現在では、世界中のメーカーが仕入れ先に対して脱炭素化の要求を出しているが、その厳格さはメーカーによって濃淡があり、欧州勢が比較的厳しく義務化まで踏み切りつつある。

　たとえば、欧州のいくつかの自動車OEMでは、以下のような取り組みがなされている。

- 特定の車種の部品はグリーン電力操業を義務付けている
- 上記が達成されない場合は、将来的に契約破棄することを明言している
- EV車のバッテリーは、グリーンエネルギーを使うと約束したメーカーとのみ取引を行う
- 主要サプライヤーに対して2030年代までにカーボンニュートラルの達成を要求
- 上記を満たさなかった場合は契約打ち切りを明言

　米国でも主要サプライヤーに対して、2035年までに製造業で、2038年までに原材料・物流でScope 1、2でのカーボンニュートラルの達成を義務付ける自動車OEMがある。

　日本の自動車OEMの強制度合いは、現状は依頼レベルで欧州OEMほど強くはないが、今後LCA規制が強化されれば、欧州OEM同様の要求が来る可能性がある。端的に言えば、もはや部品サプライヤーは脱炭素に取り組まなければ商売が成り立たなくなる。

　自動車OEMによる要求は、脱炭素以外でも厳しくなっている。たとえばESGの観点で、次のような高度な要求を課しているところもある。

- リスクフィルターやアンケートによる評価を実施
- 外部機関によるサプライヤーの拠点評価を実施
- サプライヤー契約で定められた労働条件や環境保護などの項目をブロックチェーンで記録、追跡
- 自社のサステナビリティ評価でランク付けを行い、人権デューデリジェンスを義務化
- いずれも基準に満たない場合は契約を解消

　日本の自動車OEMでは、自主点検シートを配布して取り組み状況を確認、問題が見られるサプライヤーに対して改善の依頼や再発防止策の取り組みを促す企業がある。また、ESGに関する取り組みチェックシートを配布して、評価および高リスク企業を特定、問題発生時の原因分析や改善計画が不十分な場合は、契約破棄を視野に入れる場合もある。

　これらの要求は各社独自の基準であり、部品サプライヤーは個別に対応していく必要がある。特に、欧州の自動車OEMの要求は高度であるために注意が必要だ。

　こうした脱炭素やESGに関する自動車OEMの要求に対して、海外の部品サプライヤーはどのように対応しているのだろうか。結論から言うと、すでに欧米の主要サプライヤーの半数は、今後10年のカーボンニュートラルへの取り組みを本格化している。

　再生可能エネルギー調達の長期契約を行い、2020年にはScope 1、2でカーボンオフセットを含めてカーボンニュートラルをすでに達成している企業や、現時点で自社拠点をグリーン電力で操業し、今後2050年までに

は全体でのカーボンニュートラルの達成を目指している企業など、積極的に取り組みを進めている企業が多数である。

　欧州勢だけでなく、韓国、カナダ、インドなどの自動車OEMやサプライヤーでもさまざまな取り組みが進んでいる。

- 韓国の自動車OEM：EV向けの工場でグリーン電力操業を実現している
- カナダの部品サプライヤー：早期からエネルギー効率化部品の設計に取り組み、再生エネルギー導入によるコスト削減のためエネルギー計測・監視システムを導入。部門間のエネルギー管理の見える化などを通じて、年間数万トン単位でCO_2排出を削減している
- インドの部品サプライヤー：長期的なコスト観点と欧米自動車OEMからの受注獲得を理由に、グリーン化への取り組みを進めている。自社で所有する鍛造炉について、すべてをエネルギー効率にすぐれた再生型鍛造炉へ段階的に転換した。同炉の使用で復熱装置が不要となり、排ガス温度が低下するため、大幅なコスト削減に寄与している

　こうした世界の主要サプライヤーの後塵を拝することなく自動車OEMの要求水準を満たしていかなければ、サプライヤー選定で不利になっていくことが予測される。日本における取り組みの遅れは、再生可能エネルギーの普及が遅れているという要因が大きい。欧州の再エネ率4割に対して日本はまだ2割程度で、現在は部品サプライヤー各社で独自の対応を迫られているのが現状だ。

　国内の再エネの普及を拡大しなければ、日本の自動車OEMや部品サプライヤーは、いずれ海外での生産へ移行するという見方もある。

　部品サプライヤーにとって、カーボンニュートラルへの対応が必要となる理由には、自動車OEMとの取引存続に加えて、もう1つ、投資資金を

確保する問題がある。

たとえば、今世界は、国連の責任投資原則「PRI」提唱によって、ESG経営をしない企業には投資しないというルールに変わりつつある。「PRI」とは、2006年に国連が制定した責任ある投資に関する6つの原則のこと。この「PRI」の署名機関数は年々加速しており、2018年の時点で1,951を数え、資産運用残高は82兆ドルに達している。国連の責任投資原則によって、投資の力学がESG側へ流れ、ESG格付けや国際イニシアチブの影響が高まっているのだ。

機関投資家は、資産を運用して増やすためにESGの強い会社を探すことに注力し、格付け会社は投資家に選定されるために精度のよいESGスコア出しに注力する。その格付け会社が格付けのために注視するのが国際イニシアチブであり、企業は適切な情報開示を求められる。

たとえば、世界最大の投資機関である日本のGPIF（年金積立金管理運用独立行政法人）などは、格付け会社が推奨するESG銘柄への投資を促進しているという現状がある。

部品サプライヤーも、こうしたグローバルな投資環境に強制的に巻き込まれており、投資資金を確保するために、ESG経営に積極的に取り組む必要性が生まれている。

部品サプライヤーが目指すべき5つの方向性

こうした状況のなかで、今、部品サプライヤーが目指すべき方向は大きく5つある。①「脱炭素製品開発・製造」、②「LCAで先端を行くメーカーとの取引での情報収集」、③「将来コストの回避」、④「カーボンニュートラル化が進むような仕組みへの見直し」、⑤「カーボンニュートラル対応の効

率化（対自動車OEMやTier 2メーカー）」である。

　まず「脱炭素製品開発・製造」について。再エネに関して論じてきたが、そもそも可能な限り電力や熱を必要としない設計・製造が常道であり、コストも下がる。そういった低排出量で性能のよい部品が、今後は他社に対して競争力を持つ。業界トップレベルの低排出量を達成できれば他社に負けることはないだろう。

　2つ目の「LCAで先端を行くメーカーとの取引での情報収集」については前述したように、欧州や北米の自動車OEMの脱炭素に関わる要求水準は高くなっている。部品サプライヤーは、そうした要求水準の高い自動車OEMと取引することで、常に最先端の情報を収集することが可能になる。最先端の情報を収集し、厳しい要求に対応していかなければ、サプライヤーとしてグローバルの競争から取り残されてしまう。

　3つ目の「将来コストの回避」は、将来のコストを回避するために、現在のコストを選択すべきであるという意味だ。たとえば現在、製造過程でグリーン電力を採用するとコストが高くなるが、それを回避してグリーン電力の採用を見送ると、将来的にコスト負担が増えてしまう。

　たとえば、CO_2排出量を相殺するためにカーボンオフセットを利用するとしよう。2022年時点のカーボンオフセットの価格は1トン当たり5ドルだが、2030年にはその価格が48倍に跳ね上がる可能性が指摘されている。脱炭素への流れが加速して、世界中の企業の多くがカーボンオフセットを奪い合う事態になると予測されるからだ。そうした未来を見据え、将来コストを回避するため、今のうちから脱炭素への投資をしていく必要がある。

　4つ目の「カーボンニュートラル化が進むような仕組みへの見直し」とは、

脱炭素・低炭素製品開発のためにリソースシフトを推進する必要があるということ。たとえば、製造過程にグリーン電力を導入しようとすると、製造部門はコスト増になってしまうため、必然的にこれに反対する。そのような事態を避けるためには、まず既存の意思決定の仕組みを変更して、全社的な意思決定機関（社長直下の組織など）に判断を委ねる方法がある。あるいは、ICP（インターナルカーボンプライシング）を導入するという方法もある。ICPとは、企業が独自にCO_2排出量を金額に換算して仮想上のコストと見なし、投資判断などに組み入れる手法のことだ。

　そして5つ目は「カーボンニュートラル対応の効率化（対自動車OEMやTier 2メーカー）」である。現在、自動車OEM各社はGHGプロトコル推奨のモデルに従ってScope 3の計算をしているが、前提条件となる計算の基準が統一されていないという問題がある。たとえば、年間走行距離ひとつ取っても、メーカーによって15,000kmだったり20,000kmだったりと違いがある。CO_2排出量の算出にしても、Tank to WheelかWell to Wheel、どちらの排出係数を使うのかという違いがある。自社に有利な数字を採用するケースもあり、現時点で標準化する動きはない。部品サプライヤーとしては、メーカーごとにバラバラな排出量計算を、効率的に計算できるツールを持つことが望ましい。同時にそのツールを二次仕入れ先と共有するなどの連携も重要になる。

　部品サプライヤーは、以上5つの方向性をもってしかるべき対応を行うことが求められる。

LCA算出手法をめぐる
国内外の製造業の動き

カーボンニュートラルに関する政策動向と企業の取り組み

　近年、カーボンニュートラルに向けた各国政府のコミットメントが次々に公表され、これと並行して企業に対する温室効果ガス（GHG）排出量の削減に関する要求も急速に高まっている。こうした脱炭素化の流れに伴って、市場でも「脱炭素（カーボンフリー）」の製品やサービスに対するニーズが高まり、ESG経営の実践に関する優先領域の1つとして注目されている。他方、こうした脱炭素型の製品やサービスを提供するには、サプライチェーン全体を対象に、調達・生産・出荷・販売などの各プロセスを統合的に管理し、他社と連携しながら、GHG排出量などのデータを定量的に把握する必要があり、多くの企業がその対応に苦慮している状況にある。

　主要国におけるカーボンニュートラル目標の設定状況を見ると、日本をはじめ、EU、英国、米国などの先進国は、2050年時点におけるカーボンニュートラルを宣言している（図表2‐1）。中国は10年遅れではあるものの、2060年のカーボンニュートラルの目標を掲げている。これらの宣言に伴って、2030年の中期目標も強化した国が多く、今後は産業界を含めて、GHGの排出削減に関する具体的な取り組みが求められる。

　主要国では、どの国も2030年時点での半減程度の排出水準を目標としている。日本政府は長期目標として「2050年カーボンニュートラル」を掲げ、2030年時点でGHG排出量の2013年比46％削減を目標としており、これを実現するには、すべての産業にわたって脱炭素の取り組みをさらに推

進する必要がある。

　EUでは、気候変動対策を採る国が当該対策の不十分な国からの輸入に対して、水際で関税をかける「炭素国境調整措置（Carbon Border Adjustment Mechanism：CBAM）」を提案し、2026年に向けて法制度の導入が検討されている。このCBAMは、市場に大きな影響を与えることになる。企業は自社の製品がどの程度の炭素を排出してつくられたのかを定量的に提示できないと、市場で有利な条件でビジネスが展開できなくなる恐れがある。

　企業レベルの取り組みに目を向けると、グローバルのリーディングカンパニーのなかには、2030年でのカーボンニュートラルを目指しているところがあり、今後、企業によって取り組み姿勢の違いがより鮮明になることが予想される。

■図表2-1　主要国におけるカーボンニュートラル目標の設定状況

2050年時点のカーボンニュートラルを宣言した国が増加したのに伴い、2030年の中期目標を強化した国が増え、今後、産業界を含めて、CO_2排出削減に関する具体的な取り組みが求められる。

	中期目標（2030年）	長期目標（2050年）
日本	2030年度▲46%（2013年比）	2050年カーボンニュートラル （2020年10月菅元首相の所信表明演説）
EU	2030年少なくとも▲55%（1990年比） （欧州理事会での合意）	2050年カーボンニュートラル
英国	2030年少なくとも▲68%（1990年比）	2050年少なくとも▲100%（1990年比）
米国	2030年▲50〜52%（2005年比）	2050年カーボンニュートラル
中国	2030年までに排出量を減少に転じさせる、 GDP当たりCO_2排出量を 2005年比65%超削減	2060年カーボンニュートラル

出典：環境省資料などをもとにPwCが作成

　このような状況のなか、取り組みを始めている企業がある。

　たとえばマイクロソフトは、2030年までにサプライチェーン全体で「カーボンネガティブ」を達成するという目標を掲げている。さらに、2050年までに創業以来の直接排出量および電力消費による間接排出量のすべてを完全に排除すると宣言している。

　すでに自社の活動に伴うScope 1、2の排出量（Microsoft operational carbon emissions）はネガティブになっており、ゼロエミッションを達成している。また、毎年着実に排出削減が進んでいることがわかる（図表2－2）。

　同社ではまた、ICPを導入し、排出削減の取り組みを加速化している。自社内で排出量に応じた内部課金を行い、社内で徴収した資金をサステナビリティ関連技術への投資基金"Climate Innovation Fund"に投入している。これにより、社内でCO_2排出量を下げるインセンティブを生み出すとともに、集めた資金を活用して、排出削減対策を推進したり、オフセットクレジットを購入したりしている。

　もう1つの注目すべき取り組みは、ドイツの化学メーカーであるBASFの事例で、2007年から特定製品のカーボンフットプリントを継続的に算出している。2020年からは、新たなデジタルソリューションを適用することによって45,000に及ぶ全製品のカーボンフットプリントを算出し、顧客に提供する体制を整備し、現在、自社製品については、すべてカーボンフットプリントを付けて販売している。このカーボンフットプリントの活用により、製品単位でのCO_2排出量および削減ポテンシャルを定量的に把握するとともに、一部の製品では、マスバランスアプローチなどを適用しながら、代替原料や再生エネルギーを活用してクライアントに脱炭素の価

■図表2-2　事例：マイクロソフト「カーボンネガティブ」

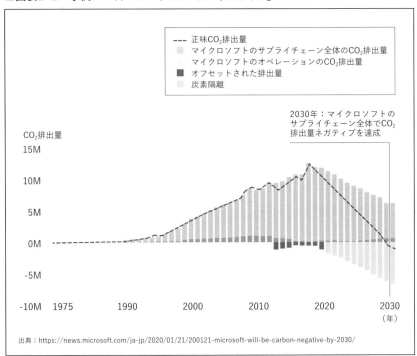

出典：https://news.microsoft.com/ja-jp/2020/01/21/200121-microsoft-will-be-carbon-negative-by-2030/

値を訴求している。

　BASFでは、素材メーカーとして顧客である自動車およびハイテク機器のメーカーなどに脱炭素の価値を訴求することで、将来、欧州で導入が想定されているCBAMなどの新たなCO_2関連規制への対応に備えている。

WBCSD"Pathfinder framework"における
算定方法論の検討

　製品単位のカーボンフットプリントについては、国際的にも議論が進んでおり、各種ガイドラインの検討が進んでいる。そのなかでも、WBCSD（持続可能な開発のための世界経済人会議）の"Pathfinder framework"が注目されている。現時点（※執筆時点で最新の2021年９月発表版を参照）ではまだ枠組みを提示している段階だが、今後の議論を通じて、製品単位のCO_2排出量の定量分析の手法および考え方を提示する主要なガイダンスになると見られている。

　WBCSDは、環境問題や気候変動、資源循環などに関心のあるグローバル企業が数多く参画している業界団体で、サプライチェーン全体で排出量を削減していくため、製品レベルのGHG排出量の算定とデータ交換に関するガイダンスをPathfinder frameworkとして取りまとめた。

　冒頭のイントロダクション、全体概要に続いて、セクション３〜９で製品カーボンフットプリント（PCF）の定量分析に関するガイダンスが提示されている（図表２-３）。主な章を見ると、スコープおよびバウンダリ（セクション４）、PCFのガイダンス（セクション５）、データソースおよび階層構造（セクション６）、PCFのデータ交換の要求事項（セクション７）、検証および監査（セクション８）が記載されている。今後のPCFに関する定量分析の方法論の標準化に向けて注目すべき内容となっている。

　セクション４では、製品単位のGHG排出量を定量分析するための対象範囲（バウンダリ）を取り上げている。Pathfinder frameworkでは"Cradle to Gate（原材料の採取から工場出荷まで）"のアプローチを採用して、原

材料調達から製造、生産、出荷までを算定対象に含め、下流側の製品の使用や使用済み製品に関する算定は任意としている。これは、製造するメーカーがより主体的に管理し、削減対策を実行できることを重視した結果と想定される。一般に、製品の使用や使用済み製品に伴う排出量は、一定の条件下における推計値で対応することが多いことから、Pathfinder frameworkでは、実績データに基づいてGHG排出量を算定することをより重視し、上流および直接排出を中心にバウンダリを設定する方針で検討が進められている。

　前述の通り、Pathfinder framework（図表2－4）では、PCFの算定において、製品使用時や使用後のプロセスからの排出量を任意の扱いとしている。一方、製造工程で発生する廃棄物の処理およびリサイクルに伴

■図表2-3　WBCSD"Pathfinder framework"の概要

SECTION 3	既存手法とスタンダード		
SECTION 4	スコープとバウンダリ		
SECTION 5.1	PCFのガイダンス		①製品単位GHG排出量の算定方法
SECTION 5.2			②追加ガイダンス
SECTION 6	データソースと階層構造		
SECTION 7	PCFのデータ交換の要求事項		
SECTION 8	検証および監査		
SECTION 9	パスファインダーネットワーク		

出典： WBCSD "Pathfinder framework"（https://www.wbcsd.org/contentwbc/download/13299/194600/1）をもとにPwCが作成

■図表2-4　Pathfinder frameworkの製品ライフサイクルおよびバウンダリ

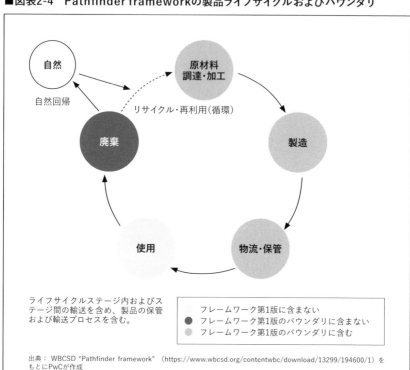

ライフサイクルステージ内およびステージ間の輸送を含め、製品の保管および輸送プロセスを含む。

○　フレームワーク第1版に含まない
●　フレームワーク第1版のバウンダリに含まない
○　フレームワーク第1版のバウンダリに含む

出典：WBCSD "Pathfinder framework"（https://www.wbcsd.org/contentwbc/download/13299/194600/1）をもとにPwCが作成

　うGHG排出量はPCFの算定対象に含めるべきだと規定している。つまり、工場などから排出される廃棄物の処理も算定対象となるので、今後、より環境負荷の低い廃棄物処理プロセスに注目が高まる可能性がある。データの取得可能性や精度などで課題が残るものの、将来の制度設計に向けて重要な論点となる。

　Pathfinder frameworkのセクション5「PCFのガイダンス」の製品単位GHG排出量の算定方法はこのガイダンスの中核部分となる。ここで、算

定手順は直接排出（Direct）と上流排出（Upstream）の2つに分けて説明されている。直接排出とは、自社内の生産活動を通じたGHG排出量が含まれる。具体的には、工場内の燃料消費や電力消費などの実績データ（設備につながれたセンサーからのデータなど）を採り、排出係数（単位エネルギー消費量当たりのGHG排出量）を乗じることで排出量を算定する。

　一方、上流排出は、サプライヤーからの原材料・部品などの調達に伴うGHG排出量を定量的に把握しなければならない。重要なのは、可能な限り、原材料・部品ごとにGHG排出量の実績データを用いることである。これにより、実績データに基づいたPCFの算定につながるとともに、サプライヤーによる削減努力を適正に評価することができる。

　この直接排出と上流排出を積算することで、ある製品について、どの原材料や部品を使用し、どのような工程で製造したので、どれだけのGHG排出量になるかを製品単位で定量的に把握することができる。その排出量データを管理することで、クライアントに対して製品単位のGHG排出量を提示することができる。

　Pathfinder frameworkでは、排出係数のデータを入手できる場合は一次データ（Primary Data）を用いることが推奨されており、それが難しい場合には、二次データ（Secondary Data：認証データベースなどからの参照値）の利用が認められている。

　ガイダンスのセクション7では、データ交換のための要求事項に関して整理している。具体的には、PCFを定量的に把握するために、サプライヤーとメーカーとの間でのデータ連携が必須となるが、Pathfinder frameworkは、企業間のデータ連携を促進するために必要な最小限のデータ項目を提示している（図表2－5）。データ所有者や、対象商品、宣言す

■図表2-5　Pathfinder frameworkが求めるPCF算定のためのデータ項目

	必要な最小限のデータ項目
1	データ所有者の企業名
2	製品名、製品技術の説明、製品分類コード
3	宣言する単位(例：重量、容量など)
4	対象データの期間および地域
5	一次データの測定、推計および算定、GHG排出量の算定および配賦に用いた基準、並びに、使用した追加アプローチなど
6	PCFの算定で用いた一次データの割合
7	上流および自社の活動を含む、製品固有のPCF(単位当たりのGHG排出量)
8	バウンダリ(ライフサイクルステージおよび関連プロセスを含む)
9	監査または検証の証明書、あるいは、記入済みのPCF質問票

出典：WBCSD "Pathfinder framework"（https://www.wbcsd.org/contentwbc/download/13299/194600/1）をもとにPwCが作成

　る単位(重量や容量)、対象データの期間や地域など、プロファイルに関するデータとともに、一次データを用いる場合は、その算定方法や基準などについて記録を残すことが求められている。

　取得した一次データの割合をデータ収集の対象項目と設定することで、当該製品のPCFが、どのくらいの割合の一次データに基づいて算定されたものかを把握できる。PCFの算定に際して一次データをどれだけ収集できているか、その割合（Primary Data Share：PDS）を指標とし、その割合を高めることで、一次データによる管理を主流にしていく方針が示されている。このPDSは、メーカーやサプライヤーのステークホルダー間の連携度合い、つまり、サプライチェーン全体での脱炭素化に向けた取り組みの進展を評価する観点でも、今後、より重視されると想定される。

　Pathfinder frameworkでは、PCF算定のために必要となる9つのデー

タ項目を定義し、ステークホルダー間のデータ共有を通じて、脱炭素の取り組みを推進しやすい環境を構築しようとしている。

COLUMN #01

京都府サプライチェーン
CO_2排出量の削減に関する実証事業

　PwCコンサルティング合同会社は、2021年度に京都府からの委託事業で、製造業におけるサプライチェーン排出量の可視化および削減対策の実施を通じて、カーボンニュートラルを実現するためのサプライヤー支援事業を実施した（2022年度もテーマを一部変更のうえ、継続して支援中）。具体的には、島津製作所と取引のあるサプライヤー5社に協力を依頼し、サプライチェーン排出量の定量分析に関する方法論を構築し、その実装を支援した（図表A）。

　京都府では、以前より府下の中小企業に対して省エネ補助などの施策を行ってきたが、中小企業などの非上場企業の多くは、自らのGHG排出量の定量把握や排出削減などの対策を進めるインセンティブがまだ弱く、結果として、彼らの顧客にあたる上場企業のメーカーがサプライチェーン全体での排出削減を進めるうえで障害となっていた。京都府はそこに問題意識を持ち、サプライチェーン全体でGHGの排出削減を促進するために、製品ごとのCO_2排出量の定量分析について中小企業を支援することを決めた。

　従来、サプライチェーンCO_2排出量の算定については、GHGプロトコルおよび国のガイドラインに基づき、組織全体でScope 3排出量を算定することが広く行われてきた。しかし、従来の算定方法では、排出原単位を参照先のデータベースから製品カテゴリごとの固定値（二次データ）を引用することが多く、サプライヤーの省エネ努力などが反映されず、公平ではないとの意見がある。これに対して、実績データを活用して排出量を算定することにより、サプライヤー自身の省エネ努力が反映されるようにした。

　具体的には、対象事業所における全体の燃料や電気消費量などを把握（共用の照明や空調なども含む）したうえで、サプライヤーの製造工程や設備などを

調査し、各製品の製造に費やすエネルギー（燃料・電気）に最も影響を及ぼす要素を「キーパラメータ」として特定した。このキーパラメータを用いて、事業所全体のGHG排出量を製品ごとに按分することで、製品単位のGHG排出量を算定した（図表B）。

　当初、こうしたGHG排出量の算定の取り組みは、企業の内部情報の開示も必要になるため、検討作業や討議が難航することが想定されたが、京都府をは

■図表A　京都府 サプライチェーンCO₂排出削減に関する実証事業

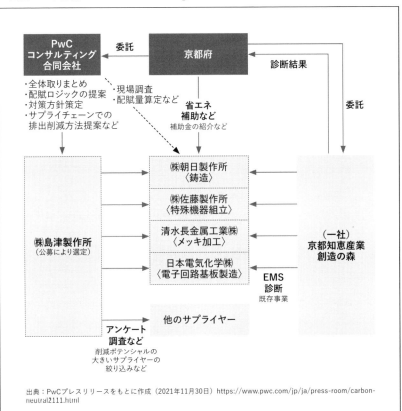

出典：PwCプレスリリースをもとに作成（2021年11月30日）https://www.pwc.com/jp/ja/press-room/carbon-neutral2111.html

■図表B　サプライチェーン排出量の管理高度化のイメージ（原材料調達〜販売まで）

	原材料調達	部品メーカー	最終製品メーカー
現状の姿 （As-Is）	●カテゴリ「購入した資材と役務」 （総調達量）×（平均原単位） ※全社で関連データを統一管理 （サプライヤーに情報提供を依頼）		●最終製品メーカー ※Scope1,2を自社で情報整理（全社統一管理）
	「平均原単位」が固定値のため、各排出主体者の		
あるべき姿 （To-Be）	●原材料調達 （出荷量）×（実排出係数） ※サプライヤーが関連データを提供	●部品調達 （出荷量）×（実排出係数） ※サプライヤーが関連データを提供	●最終製品メーカー ※Scope 1,2を自社で情報整理（製品単位で管理）

じめとする参加主体者が密にコミュニケーションを図り、取り組みの意義や効果などについて相互理解を深めることで、方法論の構築とそれに基づく定量分析の検討結果を成果として取りまとめることができた。

　サプライチェーン上の排出量の可視化および削減を進めていくためには、企業間のデータ連携が必須となるが、これを実現するためには、ステークホルダー間の信頼関係とインセンティブが機能するように仕組みづくりをすることが重要となる。今後は、算定支援ツール（PwCは"GHG Allocator"を開発済み）などを用いて算定にかかる企業の作業負担を低減させるとともに、公的および民間の資金枠組みとの連携を図るなど、相互にデータ連携をしやすい環境づくりを進めることが求められる。

　最後に、GHG排出量削減の活動を持続的かつ発展的なものにするためには、メーカーやサプライヤーに対して、データ提供および活用に関するインセンティブを提供するスキームを設計、実装し、運用していくことが必須となる。

　具体的には、図表Cの「トランジション・ファイナンス・プラットフォーム（案）」に示す通り、企業の排出削減の取り組みと、金融機関のESG投融資などのサービスの棚卸しを行い、双方の取り組みの連携の高度化を図ることが必要となる。当初、脱炭素の取り組みは十分にデータの利活用が進んでいないため、

物流	販売
●カテゴリ「物流」 （総出荷量）×（平均原単位） ※全社で関連データを統一管理	●カテゴリ「販売」 （総販売量）×（平均原単位） ※全社で関連データを統一管理
削減努力を反映できない	
●物流 （出荷量）×（実排出係数） ※物流会社が関連データを提供	●販売 （出荷量）×（実排出係数） ※販売会社が関連データを提供

　特に中小企業のGHG排出量の算定および削減の取り組みを促進するには、補助金などの公的資金の役割が重要になるが、先行着手企業の取り組みを支援しつつ、徐々に民間金融機関のESG投融資などの支援につなげていくことが重要になる。このためには、排出量データの質・量ともに継続的改善を図ることが必要となるが、データの活用が一定程度、普及・定着すると、地域におけるGHG排出削減の取り組みをスケールアップさせる仕組みとして有効に機能することが期待される。

　ESG投融資を通じて、サプライヤーの脱炭素の取り組みが進展すれば、機関投資家やメガバンク、地方銀行などの金融機関にとっても、自社の融資関連の事業活動の評価向上にもつながる。公的資金から民間資金への移行を円滑に行うことで、サプライチェーンの脱炭素化の活動を持続的に推進することができる。

　こうした排出量データの利活用の促進には、ステークホルダー間の信頼関係が不可欠となる。排出主体となる企業にとっては、データ活用のオープン／クローズ戦略を含め、サプライチェーン全体のステークホルダーと連携しながら、中長期的な視点で戦略的に脱炭素の取り組みを進めていくことが重要となる。

■図表C　"トランジション・ファイナンス"プラットフォーム（案）の全体像

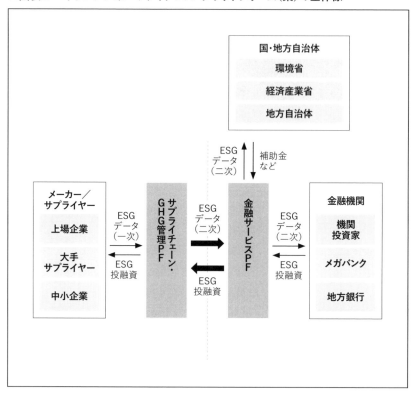

3 LCAに対応した生産システムの革新

デジタルトランスフォーメーション（DX）の取り組みとLCA対応の関係性

　近年、テクノロジーの急速な発展に伴い、生産活動におけるデータの取得が容易となり、クラウド上の各種サービスを活用することで、データを使った価値創出も手軽にできるようになってきた。一方、LCAへの取り組み強化がビジネスの存続に大きな影響を与えることになり、製造業各社は情報開示やカーボンニュートラル実現のための対応に追われている。これら2つのメガトレンドは手段と目的の関係性にあり、並行して取り組みを行う必要がある。LCA対応の検討を行う際には、DXの活動への理解と投資は必要不可欠なのだ。

　技術トレンドとしては、IoTデバイスの低価格化があり、これまで取得困難だった生産実績データがリアルタイムで収集できるようになった。また、クラウドサービスも発展して安価に使えるようになり、取得したデータを蓄積する環境も整ってきた。さらに、AIによる分析ツールが発達し、特別なエンジニアリングスキルを有していなくても高度な分析や将来予測が容易となり、それらのデータを使う価値創出も迅速にできるようになった。現在、このようなDXによる業務改革の取り組みが加速している（図表2-6）。

　実際にこうした取り組みによって、何が実現されるのだろうか。まず

■図表2-6　DXの取り組みとLCA／カーボンニュートラルの関係性

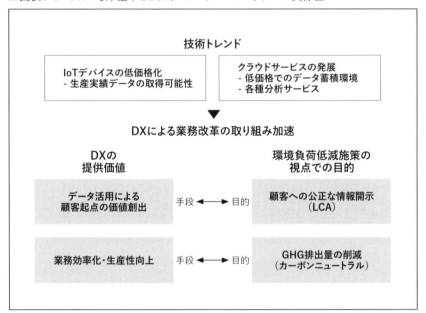

　DXの提供価値としては、データ活用による顧客起点の価値創出があり、自社に目を向ければ、業務の効率化や生産性の向上がある。一方、環境負荷低減施策の視点としては、LCAによる顧客への公正な情報開示や温室効果ガス（GHG）排出量の削減（カーボンニュートラル）がある。

　前述したように、このDXの提供価値と環境負荷低減施策の視点は、それぞれ手段と目的の関係性にあり、並行して取り組みを行っていく必要がある。

　製造領域におけるカーボンニュートラル達成のためには、GHG排出量を正確に把握して収集できる環境整備を行い、目標達成に向けた戦略的な

取り組みが必要になる。

　まず準備フェーズとして、全社目標に基づくGHG排出量削減目標の設定と、GHG排出実績把握のためのデータ収集と蓄積環境の整備が求められる。具体的な目標達成に向けた取り組みとしては、ファーストステップとして、エネルギー調達を含む物流最適化のためのアロケーションの検討など、ネットワーク最適化の検討がある。

　その次に、製造領域の役割として、オペレーション最適化の検討がある。日常業務改善や設備改善による、エネルギー消費量の削減と、使用エネルギーの見直しである。こうしたオペレーション最適化で追いつかない部分は、カーボンクレジットによる排出ガスの相殺のため、オフセット施策を検討する（図表2－7）。

　ここで、製造領域におけるGHG排出量削減の施策例を見ていこう。大きく3つあり、まず1つ目は日常業務改善による排出量削減である。ここでは、設備オペレーション改善として、生産ラインの寄せ止めや、設備起動・停止時間の見直しがある。さらに歩留まり向上として、品質改善や設備加工の精度向上などの施策が考えられる。オペレーションの無駄を特定し、老朽化設備における過剰使用の検知などが重要な視点となる。

　2つ目は、設備改善による排出量削減だ。老朽化設備の更新としてはスチームトラップの更新などがあり、省エネ技術の導入としては低消費出力モーターや排熱再利用装置などの導入がある。さらに、革新技術導入による生産設備の改善がある。ここで重要となる視点は、ボトルネック工程の特定と、生産技術開発の投資先判断である。

　3つ目は、使用エネルギーの見直しだ。具体的には、自社発電や再エネ証書購入などによる再生可能エネルギーの利用や、非電力（電化、水素エネルギー、メタネーション、バイオマス）の利用など。どの程度投資すれ

■図表2-7　カーボンニュートラル達成のための製造領域の役割

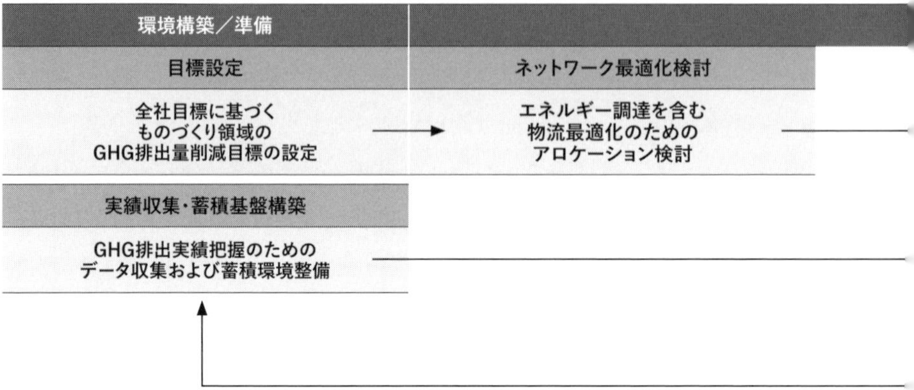

環境構築／準備	
目標設定	ネットワーク最適化検討
全社目標に基づく ものづくり領域の GHG排出量削減目標の設定　→	エネルギー調達を含む 物流最適化のための アロケーション検討
実績収集・蓄積基盤構築	
GHG排出実績把握のための データ収集および蓄積環境整備	

ばカーボンニュートラルが達成できるのか、投資対効果を加味した使用エネルギーの見直しが大切になる。

生産システムのあるべき姿を実現するための課題と対応

　では実際に、こうした施策をどのように生産オペレーションのなかで実現していけばよいのだろうか。その生産システムのあるべき姿をPDCAの形で示しておこう(図表2 - 8)。

　まずは、自社製品のGHGの排出量原単位を正確に把握し、生産計画と掛け合わせて年間の排出量予測を行う必要がある(Plan)。次に、実際の生産活動での排出実績を、設備別・工程別といった排出量削減施策検討を目的とした分析可能な粒度で収集する (Do)。こうして得られた実績をもとに、BIなどのツールを用いて多角的な分析を行い(Check)、排出量の削減施策を立案、実行し、結果の評価を行う(Action)。

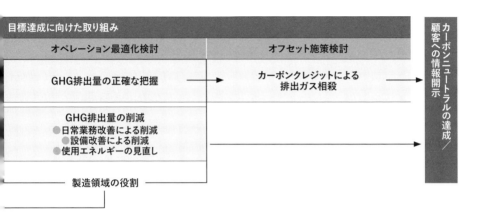

　このようなPCDAサイクルの実現のためには、工法や工順が紐付いた製品情報と、設備単位でのエネルギー消費実績が必要となり、E-BOM（設計部品表）やM-BOM（製造部品表）、BoP（作業手順・工程管理表）といった製品情報の管理の仕組みと、MES（製造実行システム）などの基幹システムと連動した生産システムの全体設計が必要となる。

　こうした「あるべき姿」を実現するために解決すべき課題とは何だろうか。
　まずデータ活用の部分だが、現状では目的達成のためのデータ活用要件や問題に対するアクションが不明瞭であるという課題がある。たとえデータがあったとしても、どのような業務を見直せばよいのかわからない。あるいは、見直し対象の業務が特定できても、誰に何を指示すればよいのかわからない、という課題である。
　データ蓄積の部分では、各部門や拠点でのデータ管理になっていて、分析に結び付かない(製品単位の粒度になっていない)という課題がある。

　また、データ収集の部分では、ほとんどの製造業では、実績収集と活用のための仕組みが整備されておらず、特に実績収集においては、電子データで管理されているのはエネルギー事業者や産廃業者などの外部業者から入手可能な実績のみ、というケースが多い。詳細実績は知らされておらず、紙帳票での実績収集にとどまって活用されていないケースも散見される。

　また、計装盤単位での実績収集を取り入れている工場でさえ、生産能増による工場の増改築や、製品仕様の多様化による生産プロセスの複雑化に伴い、分析ニーズと取得可能なデータ粒度にギャップが生じている、という課題がある。

　こうした現状に対して、どのような対応策を取ればよいのか。まずデ

■図表2-8　生産システムのあるべき姿

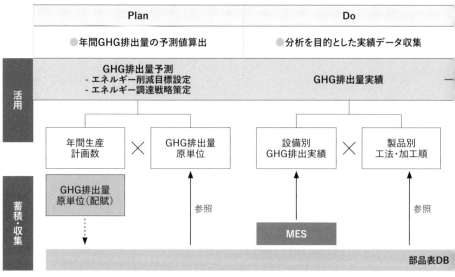

E-BOM(Engineering-Bill of Material)：設計部品表　M-BOM(Manufacturing-Bill of Material)：製造部品表
MES(Manufacturing Executing System)：製造実行システム
BoP(Bill of Process)：作業手順や工程表、作業指示書などで必要な情報を管理するBOMの一種

ータ活用では、実績把握からアクションまでの一貫した業務プロセス設計が必要となる。またデータ蓄積では、MESと連動した実績管理を行い、BOMやBoPなどマスターデータへのエネルギー排出原単位登録の仕組みを構築したり、業務でのデータ活用を目的としたデータ蓄積プラットフォームを構築したりする必要がある。そしてデータ収集では、分析要件に沿ったデータ収集ポイントの拡充が求められる。

　むやみにデータを収集し蓄積しても、それを活用できなくては意味がない。まずは既存の生産設備から収集可能なデータを活用し、実績の把握を行うのが重要だ。さらに、現場仮説をもとにして既存の排出実績データで示唆を出し、IoTデータでさらなる無駄の原因特定を図る。そして最後は、

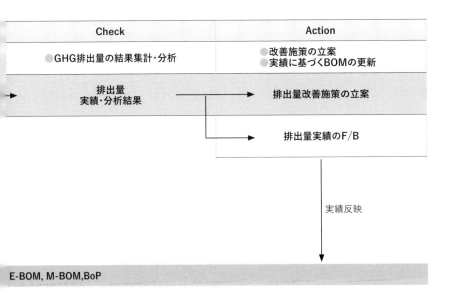

対策実行までを見据えた排出量予測モデルを作成し、排出量の恒久的な低減を目指す。予測も含めて対策まで落とし込まなければならない。

　効率的にLCAに対応した生産システムを構築するためには、現状把握から対策立案までを見据えた、データ活用要件に基づくプラットフォームを設計する必要がある。

COLUMN #02

LCA対応のための
データ活用支援キットとは?

　PwCコンサルティング合同会社では、一般的な製造工場が収集可能なデータを用いて、LCA対応のためのデータ活用支援キットを開発。現状のデータ取得粒度と分析要件のギャップを分析し、生産システム刷新の対応方針を提案している。これを「LCAデータ活用支援サービス」と呼んでいる。

　具体的には、製造工場が比較的容易に入手できる既存実績データ(電力・ガス・工業用水の使用量などの時系列実績データや、生産実績、稼働時間などの工程基礎情報)と、相関分析データ(気象情報や日射量統計などのオープンデータ)を組み合わせ、BIツールで簡易的な分析画面を作成する。その可視化された分析結果をもとに、担当者と複数回のセッションを実施して、現状のデータ取得粒度と分析要件のギャップを分析、生産システム刷新の対応方針を提案している。対応方針の内容は、データ活用の業務シナリオの作成や、データモデルの運用、新規データ収集の拡充方針などだ(図表D)。

　LCAデータ活用支援サービスのアプローチは、業務ヒアリングから始まる1～2週間の事前準備フェーズを経て、2～3週間の要件抽出／方針策定フェーズへと進む。業務ヒアリング開始から約1カ月で、LCAデータ活用のための生産システム刷新の対応方針を提案することができる(図表E)。

■図表D　LCAデータ活用支援サービス

エネルギー供給会社から受領可能な時系列のエネルギー消費量実績データなどと、基幹システムのデータを組み合わせて簡易的な分析画面を作成。分析結果をもとに現状のデータ取得粒度と分析要件のギャップを分析し、生産システム刷新の対応方針を提案

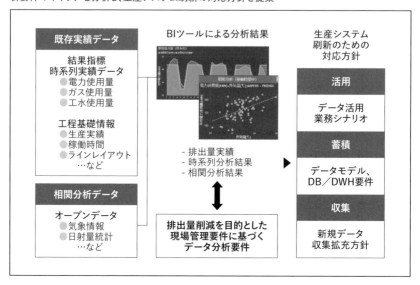

■図表E　LCAデータ活用支援サービス　アプローチ

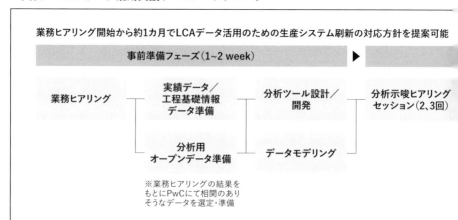

要件抽出／方針策定フェーズ（2~3week）

分析要件整理 — 分析ツール改良 — 生産システム刷新の
ための対応方針

データ活用
シナリオ整理

4 LCA対応に向けた 自動車R&Dの変革

自動車R&Dを取り巻くLCA対応に向けた潮流

　これまで自動車といえば、移動手段が主目的として捉えられてきた。あるいは車体の見た目や価格、安心・安全が主な価値だった。だが今後、社会が自動車に求める価値は変わっていく。シェアリングやサービス性（MaaS）、UX／UI、エンターテインメントなどに価値が移っていくと考えられている。

　こうした変化に加えて、環境に対する社会的関心の高まりがある。自動車はもともと環境に与える影響が大きいことから、自動車業界がどのように環境対策であるカーボンニュートラルやLCAに向き合うかが重要になってきている。

　自動車業界の環境への対応という意味では、以前から環境負荷物質や材料規制、排ガス規制など、R&D領域への要求は多くあり、各企業はそれらに対応してきた。過去の事例をあげるとしたら、マスキー法（米カリフォルニア州、1970年発行）、RoHS指令（EU、2006年施行）、環境負荷物質対応（EU）、Euro6（EU、2014年施行）などがある。いずれも当時は大変厳しい規則であったが、各企業の不断の努力により規制に対応できるようになった。こうした企業努力により培われた技術力が、自動車業界の発展につながったともいえる。その意味で、環境対応は定期的に課せられる自動車業界に対する大きな課題であり、同時に業界全体における成長の底上げのための「劇薬」であるともいえる。

■図表2-9 QCD+"Extra"C

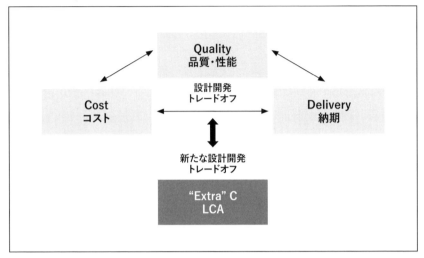

従来、自動車開発におけるKPIは「QCD」(Quality：品質・性能／Cost：コスト／Delivery：納期)が主軸であり、この3つは設計開発において常にトレードオフの関係にあった。すなわち、品質を上げようとすればコストが上がり、納期を短くしようとすれば品質が下がる、といった関係性である。今後LCAは、新たなトレードオフ要素「"Extra"C」(CO_2低減 / Carbon Neutral / Circular / Collaboration)として、この3つの軸に加わる可能性がある。LCAは、品質やコスト、納期に密接に関わってくるからだ(図表2−9)。

自動車R&Dが挑戦するLCA対応に向けた現実

そもそも自動車は、ライフサイクルのどの段階でCO_2を排出するのだろ

うか。

　まず、自動車業界におけるLCAのScope 1とは、事業者自らによる
GHGの直接排出のことで、たとえば、自社工場におけるエンジンや
E-Axle（EV駆動モーターシステム）のアルミケース鋳造過程でのCO_2排出
がある。Scope 2は、他社から供給された電気や熱、蒸気の使用に伴う間
接排出で、自動車組み立て工程時に使用する電力の製造に伴うCO_2排出な
どが該当する。Scope 3は、Scope 1、2以外の間接排出で、自動車走行
時のCO_2排出はここに該当する。

　設計開発活動でもCO_2排出は発生する。たとえば車両テストダイナモメ
ーターの駆動電力、テスト車両走行によるCO_2排出だ。しかし、これらの
CO_2排出量は自動車1台当たりのLCAでのCO_2排出量と比較すると1％未
満であり、ごくわずかである。

　電気自動車（BEV）の場合、製造工程におけるCO_2排出量が最も大きく、
LCA全体の55％に及ぶ。特に、バッテリー製造時のCO_2排出量が大きく、
31％を占める。

　さらにBEVでは、走行時のCO_2排出量が全体の約40％を占める。BEV
自体は走行時にCO_2を排出しないが、充電時の電力使用があるためだ。ま
た、自動車の廃棄・リサイクル工程においてもCO_2は排出されるが、リサ
イクル量が多くなれば製造時のCO_2排出量を減らせるため、LCAでのCO_2
排出量削減への貢献度は大きい。

　日本の電源構成は化石燃料がほとんどであり、電力の使用はCO_2排出量
を大きく左右する。したがって、どのような設計にするか、製品仕様を決
めることが自動車R&Dにおいて注力すべき点となる。

　自動車R&Dが影響を与えるCO_2排出構成を見ると、特に製造や市場に

■図表2-10　自動車R&Dが寄与するCO_2排出構成

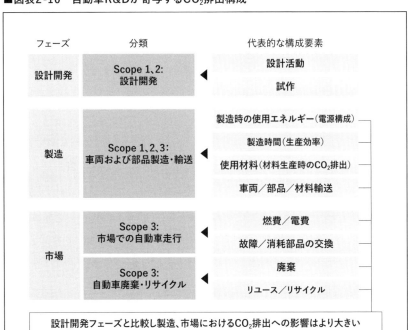

フェーズ	分類	代表的な構成要素

設計開発　Scope 1、2:設計開発　◀　設計活動　試作

製造　Scope 1、2、3:車両および部品製造・輸送　◀　製造時の使用エネルギー（電源構成）／製造時間（生産効率）／使用材料（材料生産時のCO_2排出）／車両／部品／材料輸送

市場　Scope 3:市場での自動車走行　◀　燃費／電費／故障／消耗部品の交換

Scope 3:自動車廃棄・リサイクル　◀　廃棄／リユース／リサイクル

設計開発フェーズと比較し製造、市場におけるCO_2排出への影響はより大きい

おけるCO_2排出への影響が大きいことがわかる（図表2 - 10）。いずれにしても、設計が固まった段階で対応するのは難しいため、設計の段階からLCAを考え、電源構成や使用材料、車両や部品の長寿命化などを決めていく必要がある。

自動車R&Dのこれからの対応、「燃費競争」から「循環共創」へ

　自動車R&Dがこれから立ち向かうべき世界は、LCAのScope 1、2、

3のすべてを考慮したうえでの、CO_2排出量低減、およびカーボンニュートラルの実現となる。そのためには、自社におけるR&D活動から、自社の製造・輸送に加え、仕入れ先や材料・素材メーカーを含むサプライチェーン全体の製造と輸送、走行および廃棄時のCO_2排出まで、すべてに目を配った設計開発が必要になる。

　振り返ると、1990年後半にハイブリッド車（HEV）が発売されて以来、各企業はHEVの開発や、従来の内燃機関車（ICEV）における低燃費化の実現にしのぎを削ってきた。低燃費を実現するには、エンジン自体の効率化やモーター／インバーターの効率化、軽量化やボディ形状の工夫による空気抵抗の低減、転がり抵抗を低減したタイヤの採用や車内熱マネジメントによる熱エネルギーの効率化などが必要で、取り組むべき設計アイテムは多岐にわたった。

　こうした燃費競争は、現在まで20年以上続き、そのなかでさまざまな革新的な技術が誕生した。たとえば、当時のHEVに比べて、燃費が30％以上向上した。昨今では燃費がよいことは当たり前となり、購買決定要因は、燃費から走行安全性能やサービス性、ユーザー体験などに変化してきている。

　LCA時代においては、車両ユーザーの購買決定要因は燃費だけでなく、車両ライフサイクルを通じてクリーン（低CO_2）であることが意味を持つ。クリーンであるためには、車両をつくって販売するだけでなく、エコシステムにおける長期的な循環を見据えた車両およびサービス設計を、業界全体で考えることが必要になる。たとえば、新規の材料だけを使って自動車をつくるのではなく、サプライヤーを巻き込みながらリサイクル材を使い、

LCAでのCO_2排出量をトータルで減らしていく。つまり、従来の走行時における「燃費競争」から、エコシステムにおける長期的かつ循環可能な仕組みを業界共通で「創って」いく、「循環共創」時代への転換期に入っているのだ。

とはいえ、燃費および電費の向上が重要でなくなったわけではなく、継続的に効率改善に向けた取り組みは必要とされる。ICEVでは、エンジンのさらなる改良によって、熱効率40%の壁を越え、50%へ向けた取り組みもある。また、合成燃料「e-fuel」の研究開発もある。これは発電所や工場から排出されたCO_2と水電解などから生成したH_2を合成して製造した燃料で、原油の使用と異なり脱炭素燃料と見なされている。

BEVやHEVなど、モーター駆動が必要な車両においては、パワー半導体の低損失化や駆動モーターの効率化によって、燃費および電費の向上が図られている。また、市場での走行データや走行効率を分析し、積極的な市場ソフトウェア更新を実施することで、販売後の継続的な燃費改善も可能になる。こうした取り組みは継続していくだろう。

前述したように、自動車のライフサイクル全体のなかで、R&D領域がコントロールできるCO_2排出構成要素はとても大きく、LCA対応における影響力も極めて大きい。

たとえば、リユースを想定したライフサイクル設計や、その部品を交換しやすくするための部品共通化によって、1つの製品の生涯用途が広がる。その結果、製造工程からのCO_2排出を制限できる。加えて「循環共創」の対象を、自社製品（X軸）から業界内の他社（Y軸）、さらに他業界（Z軸）へ広げていくことで、自動車の枠を超えたLCAが実現する（図表2−11）。

■図表2-11　LCAを見据えたXYZ設計戦略

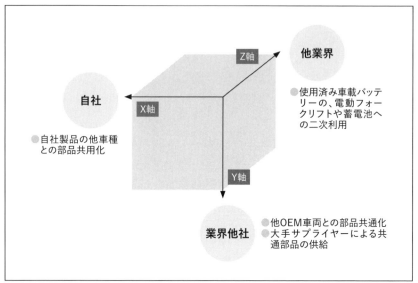

R&D領域を起点とする「循環共創」に向けた取り組み

　製品仕様を決めることができるR&Dは、「循環共創」に大きく貢献する。BEVの代表的な構成部品であるバッテリー、モーター、インバーターを対象に、「ライフサイクル設計」「一括企画」の観点から、取り組み事例や課題、今後想定される活動を紹介しよう。

　まず、バッテリーの現状を見ると、すでにバッテリー交換サービスが普及しつつある。中国では自動車OEM各社がバッテリー交換サービスを進めているほか、日本では電動二輪向けバッテリーシェアリングサービスを展開する企業もある。課題は、これらのサービスを実現するために、交換

を前提とした設計が求められること。過去、バッテリー交換ビジネスを試みて、車種ごとの繊細なバッテリーセッティングをクリアできず断念した企業もあった。今後、業界を通じて共通化する働きかけが重要になる。

　2つ目は、無駄のない車載用再生バッテリーの構築が求められていること。再利用品として回収された製品に対して、リサイクル業者が最初に行うのは性能評価である。各社は今、短時間で効率的なバッテリー性能測定方法の開発および導入を進めている。リユース品の性能評価に、車両走行データなどの情報を活用すれば、計測器による解析を必要とせず、効率的かつ正確な回収品の余寿命判断ができるようになるだろう。

　3つ目は、車載バッテリーの二次利用推進である。BEVの普及が進むなかで、課題となるのが使用済みの車載バッテリーの取り扱いだ。通常、EV車両の車載バッテリーの寿命は10〜15年とされている。たとえば、2010年に販売が開始されたBEVは、バッテリーの交換時期に差しかかっている。そのため最近、車載バッテリーとして寿命を迎えた使用済みバッテリーの二次利用が盛んに行われるようになった。車載用リチウムイオンバッテリーは、車両以外に用いられているバッテリーに比べて高い性能を誇り、車載用としての役割は終えても、蓄電池などの二次利用に使える性能が残されている。

　こうした電池を他の用途で活用するリユースビジネスで成功を収めるには、二次利用を前提とした設計であることが求められる。多くのリサイクル業者は、自動車OEMと積極的に関わり、車載バッテリーを二次利用しやすい形にするよう推奨している。

「循環共創」に向けた設計からの取り組み

　ここで、「循環共創」に向けた設計からの取り組みを見てみよう。

　LCAに向けた設計の課題としてあげられるのは、「二次利用を前提とした設計」「余寿命判断（無駄のない再利用）」「交換を前提とした設計（バッテリーシェアリングサービス）」の3つである。それに対する設計としての取り組みキーワードには、「一括企画」と「ライフサイクル設計」がある。「一括企画」とは、プラットフォームや部品の共通化を進めるために、複数車種の全体最適を図りながら企画すること。「ライフサイクル設計」とは、リユース（再利用／二次利用）することも含めた製品ライフサイクル全体の最適設計だ（図表2-12）。

■図表2-12　「循環共創」に向けた設計からの取り組み

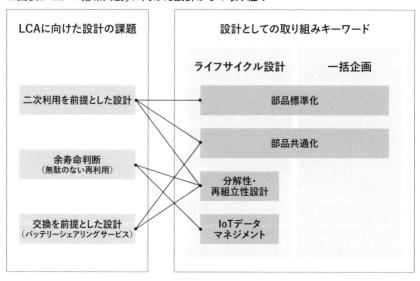

　具体的なキーワードとしては、「部品標準化」「部品共通化」「分解性・再組立性設計」「IoTデータマネジメント」の4つがある。

　まず「部品標準化」。これは、設計工数やコスト削減を目的に、構成部品をあらかじめ標準化しておき、標準化された部品群のなかから選択採用できるようにすること。それらを組み合わせて多様な製品を設計することである。

　「部品共通化」は、複数車種にまたがって部品を共有化すること。「分解性・再組立性設計」は、分解しやすく、再組み立てしやすい設計のこと。そして「IoTデータマネジメント」とは、車載IoTデバイスを用いて、走行中の各種データを取得し、その結果を設計判断にフィードバックさせることである。

　次に、モーターとインバーターについて見てみよう。この両者には、「部品標準化」や「部品共通化」が多く取り入れられている。ASSY（複数の部品で構成されるパーツ、アッセンブリー）レベルでは異なるシステム構成であっても、内部の構成部品レベルでは共通化が進んでいるケースが多い。

　たとえばモーターであれば、基本寸法(ローター径、ステーター径など)を共通化して、積み厚を変更することで複数車種に適用させている。インバーターであれば、パワーコントロールユニット（PCU）のパワーデバイスを標準化させ、パワーデバイスの枚数増減によって出力調整をして複数の車種に適用させている。

　モーター、インバーターの二次利用では、リユースを想定した「分解性・再組立性設計」が求められる。「部品標準化」や「部品共通化」は進展しているが、部品単位でリユースするための、分解しやすい設計や再組み立てし

やすい設計ができていない場合が多いのだ。また、部品単位で複数車種に再利用するためのインターフェース共通化も求められる。

　リユースを担う部品に対しては「余寿命判断」が大切になる。そのためには、IoTデバイスを使って、温度履歴や充放電履歴、電圧履歴、走行／駆動履歴などの「IoTデータマネジメント」を行い、「余寿命判断」する仕組みの構築が必要となる。そうすることで、同一車種／他車種への再利用だけでなく、小型風力発電や蓄電池など、他産業への二次利用が可能となるからだ。

　つまり、二次利用を前提とした設計、余寿命判断、交換を前提とした設計は、R&D領域を基点とした「部品標準化」「部品共通化」「分解性・再組立性設計」「IoTデータマネジメント」の推進に基づく「循環共創」によって実現可能となる。

　さらに今後は、「一部リユース品を組み込んだ新車・中古車」が、ユーザーの新しい選択肢として登場するだろう。そのためには、リユース品の回収から車両への組み込みまで、サプライチェーン全体での収益性を確保できるビジネスモデルの構築が必要となる。いずれにしても、カーボンクレジットやLCAへの対応によるレピュテーションなども考慮したうえで、LCA対応方針の見極めを行う必要がある。

CO$_2$排出量設計範囲の拡大　〜「走行時のみ」から「LCA」へ

　現在、自動車の開発エンジニアは、品質・コスト・性能などの要件を高次元にトレードオフさせることに日々努力している。しかし今後は、「走行中時のCO$_2$排出量」だけでなく、「LCA全体でのCO$_2$排出量」を新たな設

計要件として検討し、他要件(品質・コスト・性能など)とのトレードオフを考慮する必要がある。

　LCA全体でのCO_2排出量を最適設定するためには、以下のようなトレードオフおよび設計制約を考慮する必要がある(図表2-13)。

　たとえば、BEVの航続距離向上のためにバッテリー搭載量を増加させれば、バッテリー製造時のCO_2排出量は増加する(航続距離 vs. CO_2排出量)。車体軽量化のために従来の鋼板からアルミを使用するトレンドがあるが、アルミは鉄鋼と比べて製造時のCO_2排出量が6倍に増加する(車両重量 vs. CO_2排出量)。従来はコスト低減や為替変動リスク回避、関税対策のために部品現地調達化を加速させていたが、品質面を考慮して全部品を現地調達化できていない場合も多くある。だが今後は、輸送によるCO_2排出や生産地域の電力構成を考慮した部品調達戦略が必要になる(品質 vs. CO_2排出)、などである。

　このように、LCAでのCO_2排出量は他要件と相反するため、車両企画段階において、LCAでのCO_2排出量を設計要件に織り込んで目標値を設定し、各要件とのトレードオフを行う必要がある。さらに、設計下位層(システム、サブシステム、コンポーネント)に対するCO_2排出量の目標値割付も行う必要がある。そのためには、製品設計や製造工程設計において、LCAでのCO_2排出量を算出するシステムツールやプロセスが必要になる。

　算出に必要なパラメーターは、製品設計や製造工程設計のなかですでに扱われているものが多い。たとえば、ライフサイクルの各段階におけるパラメーターには次のようなものがある。

　製造時CO_2：部品ごとの使用材料や重量、生産国、製造工程の投入電力

■図表2-13　CO₂排出量設計範囲の拡大

要件

●LCA CO₂排出量が新しく要件に加わり、他の各要件とのトレードオフや下位層への
　目標値割付が必要

企画・車両設計　コスト／品質／性能　＋　**LCA CO₂**　各要件間とのトレードオフ

目標値割付 ▼

サブシステム設計　コスト／品質／性能　＋　**LCA CO₂**　各要件間とのトレードオフ

目標値割付 ▼

コンポーネント設計　コスト／品質／性能　＋　**LCA CO₂**　各要件間とのトレードオフ

*従来要件：コスト、品質、性能

システム、プロセス

●製品設計および工程設計においてLCAでのCO₂排出量を算出するシステム／ツール
　が必要

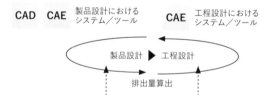

CAD　CAE　製品設計における
　　　　　　システム／ツール

CAE　工程設計における
　　　　システム／ツール

製品設計 ▶ 工程設計

排出量算出

LCA CO₂排出量　　　　　　◀　生産国／製造工程／原単排出位
（インベントリ分析・影響評価）　　使用材料／重量／物流

CAD／CAEと連動してLCA CO₂排出量を算出するシステム／ツール

●CO₂排出量算出結果を審査・管理するためのプロセス変更も必要

レビュー審査項目への追加　　　　　　**LCA専門知識を有するレビューアの参画**

コスト／品質／性能／**LCA CO₂**　　　　技術レビューア／**LCAレビューア**

量、物流(ルート、運搬手段)。

　走行時CO_2：燃費、電費、市場国。

　廃棄、リサイクル時：部品ごとの使用材料や重量、市場国。このうち、使用材料や重量、製造工程などは、トレードオフを行う過程で随時変動する。したがって、設計CADや設計CAEなどのシステム／ツールを用いて各設計パラメーターを検討するのと同時に、それらと連動してCO_2排出量を算出できるシステム／ツールが求められる。そのようなシステム／ツールを導入することで、製品設計段階におけるCO_2排出量算出と工程設計段階における、より詳細なCO_2排出量算出が可能になり、CO_2排出量要件を満足させるための設計活動が可能になるのだ。

　設計段階においてLCAでのCO_2排出量を算出するためには、設計プロセスの一部も変更する必要がある。代表的な１つが「デザインレビュー」である。自動車R&Dにおいては、設計フェーズごとに設計結果をレビューし、次フェーズへのGO判断を行う場が存在する。これを一般的にデザインレビューと呼び、CO_2排出量を審査項目として管理する必要がある。ここで難しいのは、適切な排出原単位の選択、ISO14044への適合性を判断することで、LCAの専門知識を有するレビューの参画が必要になる。そのための人材確保や育成が重要だ。

　自動車構成部品の多くはサプライヤーからの購入部品であり、サプライヤーからの購入部品についてもCO_2排出量を把握、管理する必要がある。この管理においては、OEM内製部品とともに、E-BOM（設計部品表）で管理することが望ましい。E-BOMには個々の部品を識別する部品番号や部品ごとの使用数量などが登録されるため、部品番号ごとにCO_2排出量

を管理することで、車両1台当たりのCO_2排出量も計算することができる。

　各構成部品の仕様は、原価低減や品質向上などの設計変更によって、量産開始後も随時変化する。これに伴って各部品のCO_2排出量も変化するため、E-BOMに反映させる仕組みにすることで、常に最新のCO_2排出量を管理できる。

　このように自動車R&Dでは、製品仕様を決めることができるために、CO_2排出量低減にも大きく貢献できる。CO_2排出量を設計要素の1つとして加味し、設計プロセス／システムをさらに上のレベルに押し上げる必要がある。

5 製品LCAにおける 素材メーカーの取り組み

素材・化学メーカーの製品LCA対応の概況

　2015年のパリ協定以降、気候変動問題への対応は、国際社会や各国政府のみならず、民間企業が最も注力する経営アジェンダの1つとなっている。

　国内においても、東証再編によって、プライム市場の上場企業はTCFD（気候関連財務情報開示タスクフォース）提言に沿った気候変動リスクの開示が義務化された。素材・化学の大手企業は、TCFD・CDP（Carbon Disclosure Project）などの国際イニシアチブへの対応、言い換えると、社会・ステークホルダーに対する全社レベルでの情報開示高度化への取り組みを進めている。そのなかでは野心的な温室効果ガス（GHG）削減目標を設定し、SBT（Science-Based Targets）認定を受ける企業も増えている。

　かつて、温暖化対策は政府や国際機関が取り組むべきだという雰囲気もあったが、2015年のパリ協定をきっかけに、民間企業も積極的に関与する動きが大きくなった。ちなみにSBTは、原材料調達に伴うサプライチェーン排出、製品使用時の排出など、「間接」排出量であるScope 3排出量についても目標設定が求められており、認定を受けた企業は、目標達成のために削減に向けた取り組みを加速させる必要に迫られている。

　今、素材・化学メーカーの注力テーマは、サプライチェーンGHG排出量の算定という現状把握や、カーボンニュートラル目標の設定・公表、さらには国際的なイニシアチブへの対応を踏まえて、競争優位の獲得へとフ

ェーズが移行しつつある（図表2−14）。

　対内的には、社内炭素価格（ICP：インターナルカーボンプライシング）の導入がある。目先の利益を優先しているとGHG排出量の削減がなかなか進まないため、炭素価格を加味した投資額の設定による投資判断を行うことで、GHG排出削減を喚起しているのだ。対外的には、製品カーボンフットプリント（PCF）の算定・公表や、環境適応製品の拡充・ブランド化を図るという動きがある。

　こうした動きの背景には、自動車OEMのLCAへの取り組みが本格化しているという状況が考えられる。自動車OEMがカーボンニュートラルを早期に進めるためには、材料の調達でGHG排出削減を実現する必要があ

■図表2-14　素材・化学業界における気候変動対応の全体像

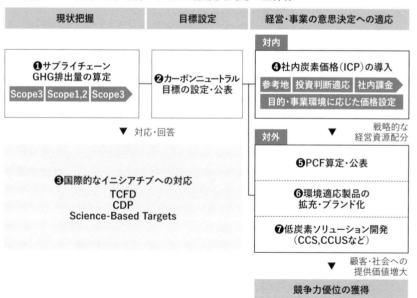

るからだ。自動車OEMが部品メーカーにGHG排出量の削減を求め、部品メーカーは素材・化学メーカーにGHG排出量の削減を求める。そのため、素材・化学メーカーは必然的に、GHG排出削減への努力の感度が高くなる。

　今後、素材・化学メーカーを含む原材料メーカーは、製品納入先企業のサプライチェーン排出量削減への取り組みに連携することが求められる。そうなると、各企業の注力テーマは、組織全体のScope 1、2、3排出量の算定・削減という視点だけでなく、個々の取引における案件獲得を左右する製品LCA、PCFの算定・開示や、環境適合型製品・ブランドの拡充にシフトしていくことになる。

　素材・化学メーカーの対応は、その取り組みに濃淡はあるものの、各社ともカーボンニュートラル目標の公表や国際イニシアティブ対応を含めて、しっかりと取り組んでいるようだ。ICPの炭素価格も各社で差があるが、1トン当たり10,000円から15,000円が相場の標準となっている。

　LCAとPCFは似た概念を持つが、LCAは、原材料サプライチェーンの最上流である採掘から、対象製品が使用後廃棄されるまでの生涯排出量を対象としている。これを「Cradle to Grave」（ゆりかごから墓場まで）という。一方PCFは、最上流からライフサイクル上の特定の地点までを対象としている。一般的にその特定の地点とは、PCF算定を行う企業の自社製品の供給先入口までのことをいい、これを「Cradle to Gate」と呼ぶ。

　昨今は、Scope 3排出量削減への関心が高まるなかで、PCFが注目されており、ISO14067ではCFP（Carbon Footprint of Product）の名称で定義されている。

　素材・化学メーカーが自動車OEMから求められているのは、「Cradle to Gate」の領域である。その範囲内で、どれだけGHG排出量を削減できる

かが重要になる。原材料の調達から出荷するまでのGHG排出量を算出することが、責務となっているのだ。

　世界的な化学メーカーは、WBCSD（持続可能な開発のための世界経済人会議）の国際的なGHG排出量算定のルールづくりの枠組みである「Partnership for Carbon Transparency：PACT」に参画、国際標準の確立をリードしている。自社の全製品のPCFを「Cradle to Gate」の範囲で算出し、製品にはPCFマークを付けて販売。それ以外にも、カーボンフットプリントの活用や、代替原料、再エネの使用でCO_2削減に貢献している。

　PCFの算定や公表については、欧州バッテリー規則による自動車業界からの開示要請や、環境対応を重視するブランドオーナーからの要求があるため、素材・化学メーカーにとって、製品LCAの算定は、もはや競争力の源泉ではなく、競争に参加するためのエントリーチケット（参加条件）になりつつある。欧米化学企業から数年遅れではあるが、日系の素材・化学メーカー大手も、次々とPCF算定の状況や目標を公表するようになっている。ただし今は、企業によって計算方法の精度や購入原材料の排出原単位などの使用データに統一性がないため、顧客・市場の適切な評価を得るために、その標準化が求められている状況だ。

脱炭素・環境適合事業への転換と製品展開

　素材・化学メーカーは今、自らが設定したGHG削減目標の達成に向け、事業そのものを脱炭素・環境適合型へシフトしていく動きを見せている。
　たとえば下記のような取り組みがある。
・上流の石油化学事業において、あらゆる石油由来製品の基礎素材である

エチレンの原料について2030年までにその8割相当を石油由来から植物由来に切り替える

- 顧客への販売後も環境貢献価値を有する製品に対して、個別にブランドを展開し、2030年までに全社売上高に占める割合を40%とする目標を掲げている。製造工程までだけでなく、「Cradle to Gate」以降の、いわゆるLCAに至る範囲をカバーするブランドである

製品別のGHG排出量の算定・開示においては、まだScope 3の算定範囲を上流のみとする「Cradle to Gate」が一般的だが、グローバルスタンダードを目指すために、下流の工程まで組み込む企業も出始めている。たとえば、自動車OEM向け部材のGHG排出量の開示においては、欧州基準に対応すべく、製造から廃棄までのすべての工程で発生する排出量（ライフサイクルGHG排出量）の算定・開示を実現している企業もある。

また、自動車OEM向けに製造工程におけるCO_2排出量が実質ゼロ（ネットゼロ）の鋼材の供給を開始すると発表した鉄鋼メーカーもある。これは、鉄スクラップから鋼材をつくる工程で電炉を用いて、CO_2排出量を実質ゼロにするものだ。鋼材出荷量の2%程度をネットゼロに置き換える計画を立てている。

このように、特定の製品に関して環境フレンドリー、つまりCO_2排出量を少なくすることで競争優位性を担保する、という捉え方をする企業が増えている。

一方で、こうした環境適合型の事業・製品展開は、経済合理性だけに注目すると、従来型の事業・製品に比べて劣後するケースも多い。その対応策として、中長期的なグリーン投資に経営資源を配分するための仕掛けとして、投資判断や業績評価においてICP（社内炭素価格）を採用し、国際

的にも比較的高い価格を設定するようになっている。

　現在、ICPを導入している企業の多くは、社内炭素価格を自社事業におけるCO_2排出コスト試算結果などをもとに独自に設定し、投資判断に適用している段階だ。だが今後は、海外の先行事例にあるように、各事業に課金、基金化して、さらなるグリーン投資に充足していく事例が増えていくものと考えられる。そのような導入拡大が進めば、将来的には、CO_2削減がうまくいかない事業に対して、マイナスの影響が社内的にも起きうるような仕組みや仕掛けが浸透することとなる。そんな一歩を踏み出す企業も増えていくだろう。

素材・化学メーカーの製品LCA算定における課題

　このように、各社は製品のPCFやLCAの算出・公表を進めているが、現状は計算方法や精度、購入原材料の排出原単位をはじめとする使用データについて、各社が独自にルールを定義している側面もあり、顧客や市場が比較可能性の観点から適切に評価できないという課題がある。

　まず「データ精度」の観点でいうと、購入原材料の平均的なサプライチェーン排出量原単位データベース（国内ではIDEA、海外ではEcoinvent DBやGaBi DBなど。二次データと呼ばれる）を使用する方法と、排出量の実績値（一次データ）に基づき算定する方法に大別されるが、どちらを選ぶかで、排出量の算出結果は大きく異なってくる。精度が高いと考えられる排出量算定は後者の実績ベースだが、サプライヤーから実績を入手するのは通常容易ではないため、現状では前者が用いられる事例が多い。

　とはいえ、前者は「固定値」である汎用原単位を用いることから、仮にサプライヤーがGHG排出量削減に意欲的に取り組んでも、その削減効果が

反映されないという課題がある。そのため一部の先進的な企業を中心に、サプライヤーとの協働を通じた実績ベースによる集計体制を整える動きが活発化している。サプライヤーに製品に関わる排出量データを提出してもらうなど、一次データを極力取得し、それを計算に反映しようとしているのだ（図表2−15）。最近はITベンダーなどが、こうしたデータ集計をサポートするサービスに乗り出している。

　素材・化学メーカーにとって、特にPCFやLCAにおいて影響の大きい購入原材料については、各社が精度向上の対応を取っている。たとえば、原則として原料を供給するサプライヤーに、原材料の実績値の開示を求めている企業もある。またサプライヤーにおける排出量計算方法についてもガイドラインを公表、説明会を実施するなどの対応を取り、計算精度を高める取り組みを行っている。

　また「計算方法の統一」の観点では、LCAに関する国際規格（ISO）があるものの詳細ルールが定められていないことから、現状は各社が個別の判断で算定ルールや集計ツール導入を行い、製品別GHG排出量を計算しているという側面がある。そのため、企業間での比較可能な標準化、すなわち顧客など情報の受け手に対する客観性の担保が不十分な状況にある。

　この点については、WBCSD PACTが国際的な標準ルールの策定を進めており、計算方法のガイドライン「Pathfinder Framework」としてまとめている。今後はそのガイドラインへの準拠がデファクトスタンダードとなり、準拠に対する認証スキームも導入される可能性がある。グローバルで汎用的な実用ルールとしては初めてのものだ。

　PACTの活動はルール策定にとどまらず、複数のソリューションベンダーとともに、ツール横断での排出量データ共有の標準化も進めている。だ

がPACTへの日本企業の参加は少なく、日本が国際的な動きに取り残される懸念がある。

　さらに「網羅性」の観点では、企業が特定製品のGHG排出量のみを開示する場合に、共通的に発生するGHG排出量を恣意的に他製品に配賦することが懸念されている。製品ABCがある場合、GHG排出量をBCに寄せて、Aの排出量を少なく見せるという問題が起きてしまうのだ。このあたりは、企業それぞれの「さじ加減」という部分が残ってしまう。

　この課題については、ハーバードビジネススクール名誉教授のロバー

■図表2-15　今後の方向性〜測定の精度・粒度・頻度の向上〜

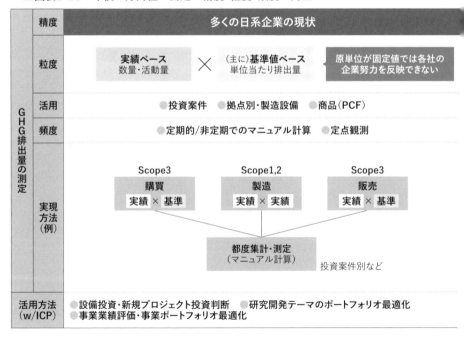

ト・S・キャプラン氏が『Harvard Business Review』に寄稿した論文のなかで、GHGプロトコルの問題点として、Scope 3計算の正確性の低さを指摘。財務会計・原価計算になぞらえて、製品別の排出量を正確に(配賦)計算するように提言している。各社はサプライヤーからの商品・サービスの購入と同時に、蓄積された排出量(サプライヤー分も含む上流のPCF)も引き受け、自社製品の排出量計算にインプットする。PCFを過小に評価した企業は、自社の環境会計上、環境負債が蓄積され、企業評価を損ねるという仕組みである。つまり、川上企業＋自社の排出量を正確に算出し、川下企業(顧客)にデータを連携する方法で、サプライチェーン排出量を精緻

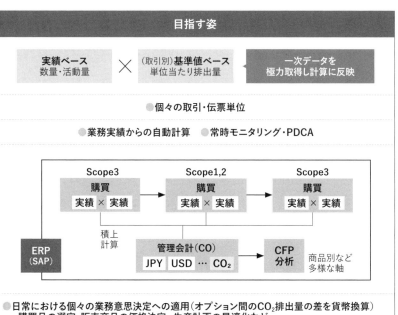

化していくのだ。

　こうした考え方も、将来的にルールとして整備され、会計監査に近い第三者認証が行われるようになるかもしれない。

6 スマートモビリティによる LCAへの貢献

「CASE」とスマートモビリティの進展

2016年に登場した「CASE」というキーワードは、引き続き自動車の変革をけん引しており、スマートモビリティに関わる領域は着実に進展している。

CASEは、Connected（コネクテッド）、Autonomous（自動運転）、Shared（シェアード）、Electric（電動化）の4つの領域からなる。それぞれの領域では、どのような未来が考えられているのだろうか。「コネクテッド」では、自動車(車両データ)とドライバー（ユーザー情報）がつながり、走行データ連動型自動車保険や緊急通報システム（eCall）などのコネクテッドサービス導入が進むとともに、リアルタイムの交通情報や道路工事情報などのその他のデータとも連携することで、データ活用が進む。「自動運転」では、自動運転社会が到来することで、移動時間や空間を活用した新たなモビリティサービスが登場する。「シェアード」では、所有から利用へとシフトしていくことで、自動車がさまざまなモビリティサービスの土台になる。「電動化」では、それが進むことで、自動車がエネルギーエコシステムの一翼を担うことになる。

モビリティ変革が進むにつれて、これら4領域における技術は、消費者のニーズや規制、経済性という要素と重なり合いながら、さまざまなタイミングとスピードで加速している。

電気自動車(BEV)については、EUや中国を中心に普及が加速し、2030

〜2035年までには新車販売台数のうち半数以上がBEVになると予測されている。コネクテッドに関しては、EUと米国では2025年までに走行車両の半数がコネクテッドカーとなり、OTA（無線による交信）などによって、消費者の利便性向上や商用車の稼働率向上が実現される。自動運転では、すでにレベル4（特定の条件下で運転を完全に自動化）の自動運転シャトルやロボタクシーが各地で試験走行を開始しており、実現に向けて各国がしのぎを削っている状況だ。シェアードについては、新型コロナによる需要ショックが起きているものの、私有車の所有に対する圧力が増していることもあり、長期的な見通しは明るい。

スマートモビリティサービスによるLCAへのインパクト

スマートモビリティの普及はLCAに対しては、特に2つの点で貢献すると考える。

1つは、ヒトの移動における乗用車から商用車への転換（乗用車台数の低減）によるバリューチェーン上のCO_2削減であり、もう1つは車両走行時のCO_2削減である（図表2−16）。

今後、ヒトの移動やモノの移動がどちらも増加するため、グローバルでの新車需要は拡大し販売台数は全体として増加していくと考えられる（2020年まではコロナの影響で減少していたが、2025年までに徐々に回復すると想定）。ただし、これまでと同様の乗用車と商用車の販売比率での上昇ではなく、特にヒトの移動を中心に自動運転やシェアードにより乗用車から商用車への転換（所有から利用の流れ）が大幅に拡大し、乗用車新車台数の増加が抑制される。具体的には乗用車と商用車の販売比率は、

2020年の69対31から、2040年時点には50対50になると予測される。スマートモビリティサービスにより車両の稼働率が上がるため、スマートモビリティサービスで使用する商用車（主にシェアカー）が1台増加すれば、乗用車の保有は複数台減少することを想定している。そのため、スマートモビリティの普及は、乗用車の台数減少におけるバリューチェーン上（車両生産時など）のCO_2削減の効果が得られると考えられる（LCAへの貢献❶）。

さらに、ヒトの移動における商用車はBEV中心に導入され、モノの移動における商用車については、小型車両はBEV、大型車両は燃料電池自動車(FCV)を中心に導入が加速するため、車両走行時の大幅なCO_2削減につながっていく（LCAへの貢献❷）。

■図表2-16　グローバル新車販売台数の推移イメージ

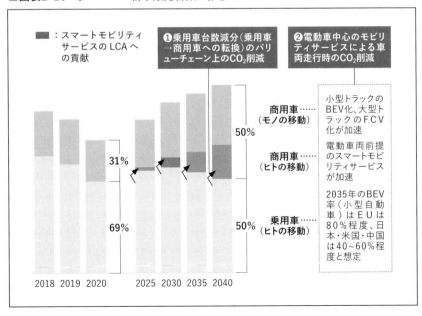

　加えて、車両走行時にCO_2を排出しないBEVやFCV以外の内燃機関車（ICEV）やハイブリッド車（HEV）についても今後はCO_2排出量が減少していくと予測している。それを示したものが図表2－17である。新車販売台数の増減や走行距離の伸張は前述の通りだが、エネルギー効率については、今後厳しくなっていく燃費基準を達成する必要があるため、継続的なICEV、HEVの燃費改善が実現されると想定される。結果、走行時のCO_2排出量（Tank to Wheel：自動車の燃料タンクから実際に走行させる段階までのCO_2排出量）は減少していくと予測できる。

スマートモビリティサービスの一覧と主要サービス概要

　将来的にはレンタカーやタクシー、路線バスやトラック配送など、既存のサービスに対して、CASE技術を活用したスマートモビリティサービス

■図表2-17　将来的な走行時のCO_2排出量イメージ

		新車販売台数 （台）	×	走行距離/台 （km/台）	×	エネルギー効率平均 （MJ/km）	×
ヒト 【ヒトの移動量】 1.5倍程度増 (2018→2030)	商用車	増加 ⊕ 自動運転＋シェアードにより、乗用車から商用車への転換		伸張 ⊕ スマートモビリティサービスにより、稼働率が上昇		向上 ⊖ ICEV、HVの燃費改善など	
	乗用車	減少 ⊖		大きな変化なし ±		向上 ⊖ ICEV、HVの燃費改善など	
モノ 【モノの移動量】 2倍程度増 (2018→2030)	商用車	増加 ⊕ モノの移動量増加に伴い、台数も増加		大きな変化なし ±		向上 ⊖ ICEV、HVの燃費改善など	

が置き換わる、あるいはアドオンされていくだろう。それを一覧にしたのが図表2－18である。

　ヒトの移動(商用車)のカテゴリーでは、まずレンタカーがB to C、C to Cのカーシェアに変化していくだろう。C to Cのカーシェアとは、所有する自家用自動車を、利用者間で貸し借りできるカーシェアサービスである。タクシーのB to Cの分野では、自動運転車両を活用したロボタクシーがあげられ、C to Cの分野では一般ドライバーが自家用車を用いて乗客を運送するライドヘイリング、あるいは同方向への移動者同士のマッチングを行うカープーリングなどのサービスがあげられる。また路線バスでは、乗合バスサービスのオンデマンドバスや、自動運転車両を利用する自動運転シャトルなどが予測される。モノの移動(商用車)のカテゴリーでは、荷主と運送事業者のマッチングを行う求貨・求車サービスや、ヒトとモノの混載運送サービス、さらには、後続車無人隊列走行や、無人配送ビークルを活

CO₂排出量への影響（現状との比較）
─減少　±影響なし　⊕増加

*¹：TtW（Tank to Wheel）
自動車の燃料タンク（Tank：タンク）から実際に走行させる段階（Wheel：自動車）までのCO₂排出量

■図表2-18　スマートモビリティサービスの一覧

カテゴリー	既存サービス		スマートモビリティサービス一覧		概要
商用車（ヒト）	レンタカー		カーシェア（B2C）		借り受けたステーションへの返却を前提としたカーシェアサービス
			カーシェア（C2C）		所有する自家用自動車を、利用者間で貸し借りできるカーシェアサービス
	タクシー	B2C	タクシー配車		配車アプリなどにより、高効率にタクシー配車を行うサービス
			相乗りタクシー		同方向に移動する利用者のマッチングを行い、効率的に運送するサービス
			ロボタクシー		自動運転車両を活用した配車を行うサービス
		C2C	ライドヘイリング		一般ドライバーが自家用車を用いて乗客を運送するサービス
			カープーリング		同方向への移動者同士のマッチングを行うサービス
	路線バス		オンデマンドバス		利用者の需要に応じて高頻度で運行ルート・時刻を更新して運行する乗合バスサービス
			自動運転シャトル		あらかじめ決められたルートを自動運転車両を活用して運行するサービス
商用車（モノ）	トラック配送		求貨・求車マッチング		荷主と運送事業者のマッチングサービス
			貨客混載		貨物運送と旅客運送の両方を含んだ、ヒトとモノの混載運送サービス
			後続車無人隊列走行		高速道路などにおいて、トラックの後続車無人隊列走行を実施するサービス
			自動走行ロボット配送		ラストマイル配送でドローンを含む無人配送ビークルを活用した配送サービス

用した自動走行ロボット配送などがある。

　このなかでも、自動運転技術を活用したサービスは、LCAへの寄与度が高いサービスといえる。すでに世界で導入されているいくつかの事例を見てみよう。

　たとえば、ロボタクシー事業では、グーグルの自動運転開発部門が分社化して誕生した「Waymo」の例がある。同社は2018年12月に、世界で初めて自動運転「ロボタクシー」の商用サービスをアリゾナ州で実現した。当初は、すべての車両の運転席にセーフティドライバーが同乗していたが、現在、一部車両は完全無人で運用されている。また、同社は2021年からサンフランシスコでも同様のサービスを展開、人口密度の高い都市部でのサービス展開も実現している。ちなみに、自動運転の試験走行が許可されているカリフォルニア州では各社が熾烈な開発争いをしており、そのなかでもWaymoは最も走行距離が長いという実績を持っている。

　モノの移動では、自動運転を活用したミドルマイル輸送として、Waymoが展開する「Waymo Via」の取り組みがある。同社は、2020年10月にDaimler Truckと広範囲に及ぶグローバルな戦略的パートナーシップを締結、2022年6月にはウーバーテクノロジーズ（Uber Freight）との長期提携を結び、自動運転トラック輸送の取り組みを加速させている。

　また、米小売大手のウォルマートは、2021年11月、完全無人の自動運転トラックを導入したことを発表。中距離向け自動運転トラックを使用し、すでに物流センターと米南部アーカンソー州にあるウォルマートの店舗間の約7マイル（約11km）を、安全要員を乗せずに走行、世界初のミドルマイル配送自動化を実現している。

　ラストワンマイルの自動走行ロボット配送についても、海外では実装開始されている。米国、英国、ドイツなどではStarship Technologiesが無人配送ビークルを活用したピザのデリバリーなどを実施しており、日本国内でも各社が実証実験をスタートしている。

　こうしたスマートモビリティサービスは、単体でもCO_2削減の効果はあるが、MaaSとして複数サービスのデータ共有・分析をすることにより、需給に応じた稼働率最適化が図られ、さらなるCO_2削減効果を得ることができる。たとえば、公共交通のダイヤや混雑状況、駐車場の満空状況、天候などを加味して、モビリティサービスの供給量をコントロールすることによって無駄はなくなる。また、MaaSエリア内で実際に発生しているCO_2排出の分析をすることで、LCAへの対応が可能になるのだ。

　最終的には、MaaSもその上位概念であるスマートシティの一要素として組み込まれ、モビリティの観点だけでなく、街全体として統合管理されたシステムによるLCA対応が進められることが想定されている。

COLUMN #03

スマートモビリティサービス事業化に向けた
ソリューション

　PwCコンサルティング合同会社では、MaaSや自動運転、CASE事業支援実績を活かし、事業モデル抽出から事業化までのステージに応じたPwC独自の提供価値により、クライアントの新事業成功率の向上や事業化スピードの短期化を狙うソリューションを保有している。

　PwC独自の提供価値は大きく次の3つに分けられる。「PwC独自のフレームワークを活用した事業計画策定」「幅広い業種・企業とのリレーションを活用したエコシステム構築」「多数の実証実験／事業化支援のノウハウ蓄積によるサービス提供」である(図表F)。

「PwC独自のフレームワークを活用した事業計画策定」では、事業モデルを6つのファクター（技術可用性、オペレーション、事業性、社会的受容性、法的課題、システム）に分解し、それぞれのファクターごとにありたい姿と現状のギャップを抽出、事業化に向けたロードマップを策定する。技術可用性に関しては、現状の技術レベルを画一的に評価し、車両の活用目的シーンに沿って目標とすべきレベルを把握、ギャップを埋める計画策定を実施していく。事業化ロードマップでは、6つのファクターごとのありたい姿・現状およびギャップを踏まえ、事業モデル実現に向けてステップごとに推進することが不可欠となる。

「幅広い業種・企業とのリレーションを活用したエコシステム構築」では、事業モデルに必要となるステークホルダーの定義をはじめ、ミッシングピースとなるステークホルダーのアレンジメントおよび全体マネジメントを実施していく。サービスに対して、どのような役割・機能が必要なのかを定義するとともに、数あるリレーションのなかから最適な企業をアサインできるアレンジメン

■図表F　スマートモビリティサービスの事業化パッケージ

新会社／組織構築　　事業モデル抽出・選定

サービスデザイン・構築　　　　　　　　　　フィージビリティスタディ

PwC
Support
Components

実証実験実行　　　　　　　　　　　　　　事業計画策定

財務モデリング作成　　エコシステム構築

▼

PwCの支援の特長

**❶PwC独自のフレーム
ワークを活用した
事業計画策定**
● モビリティサービス専
門組織の知見に基づく
質の高い分析
● PwC独自の手法・フ
レームワークによる
新規事業開発支援（6
Factor Analysisなど）

**❷幅広い業種・企業
とのリレーションを活用
したエコシステム構築**
● 事業モデルに必要とな
るステークホルダーの
適切な定義
● 各業種の主要企業や
キーパーソンとのリレ
ーションを活かしたエ
コシステムのアレンジ
メントおよび全体マネ
ジメント

**❸多数の実証実験／
事業化支援のノウハウ
蓄積によるサービス
提供**
● 各国の実証実験／事
業化事例で蓄積したノ
ウハウ提供
● 監査、税務などPwC
Japanグループの総合
力を活用したサポート
提供

トがPwCの強みとなっている。

「多数の実証実験／事業化支援のノウハウ蓄積によるサービス提供」では、事業モデルに対して要素ごとに調査手法を組み合わせ、調査・分析・課題を抽出、評価、解決策実行支援を行い、事業精度を上げていくことを継続実施する。ロードマップに沿った事業検証を行うため、事前分析（走行ルート分析など）を実施し、効果的な課題抽出→改善サイクルとなるような実証実験の設計も行う。

　PwCは、これらのソリューションを活用して、官公庁、地方自治体、OEM、部品メーカーなどに対して多数の支援実績を有している。

　目指すモデルの実現イメージは、MaaSと自動運転が相互に連携することで生産性の高い都市を実現すること。MaaSプラットフォームと多様なモビリティで、利用客や企業、自治体がそれぞれのメリットを創出できるスマートシティを構想している（図表G）。

■図表G　目指すモデルの実現イメージ

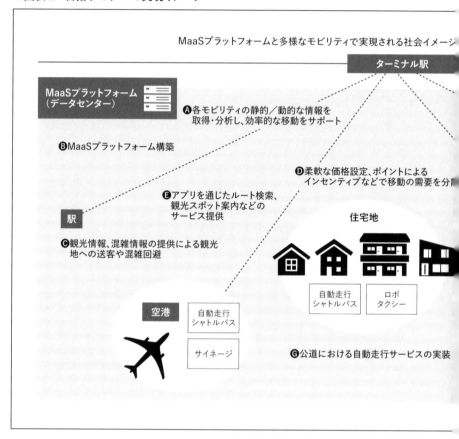

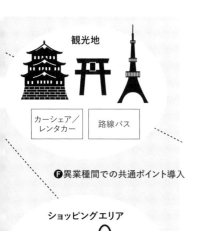

観光地

カーシェア／ レンタカー	路線バス

Ｆ異業種間での共通ポイント導入

ショッピングエリア

自動走行 シャトルバス	サイクル シェア

利用客のメリット
- ●移動時の混雑を回避
- ●効率的な交通手段を選択し、スムーズに移動
- ●アプリによる情報の効率的な確認

企業のメリット
- ●来訪した利用客の取り込みによる新規需要の創出
- ●利用客数・需要の平準化
- ●来訪頻度の増加による売上機会の拡大

自治体のメリット
- ●公共交通サービスの混雑解消やCO_2削減などの社会課題解決
- ●蓄積データを活用したスマートシティ構想の実現

【MaaSコンポーネント】
- ●既存交通とのデータ連携
- ●カーシェア／レンタカー
- ●鉄道／地下鉄　●路線バス
- ●サイクルシェア

新規交通とのデータ連携
- ●自動走行シャトルバス
- ●ロボタクシー

インターフェース
- ●サイネージ　●アプリ

ネットゼロスマートシティ

スマートシティにおける脱炭素化の潮流

　スマートシティの定義はさまざまではあるが、基本的には、テクノロジーを活用して、都市や街、また地域の単位で、生活しやすい状態に持っていく仕組みのことをいう。テクノロジーといっても、人間中心で世の中がよくなることが重要な点になっている。

　当初、スマートシティは、再生可能エネルギーを最大限に使い、エネルギー効率をよくすることからスタートしたが、COP26を背景に世界が脱炭素化に向けて動き始めているなか、スマートシティもネットゼロを目指すというようにハードルが高くなりつつある。

　脱炭素社会の実現に向けた世界の動きを見ると、海外では欧州を中心に地球温暖化防止の意識が高まっており、カーボンニュートラル実現へ向けた取り組みを先行している国も多い。政治・経済・社会・技術、すべての面で一気に動き始めているのだ。日本においても、菅義偉首相（当時）の2020年10月の所信表明演説における「2050年カーボンニュートラル、脱炭素社会の実現を目指す」宣言により、従来よりも大きく踏み込んだチャレンジングな目標が掲げられ、さまざまな取り組みや施策が動き出そうとしている。

　その脱炭素化を評価するものとして、今、欧米の企業でデファクトスタンダードになっているのは、GHGプロトコルと呼ばれる、温室効果ガス

（GHG）排出量の算定・報告基準である。Scope 1 は自社の施設や車両など
からの直接排出量、Scope 2 は購入量に応じた電力・蒸気・冷温熱の製造
過程の間接排出量、Scope 3 は、その他サプライチェーンなどからの間接
排出量となる。最も算定が難しいのはScope 3 の領域である。企業ならば、
ある程度自社の消費活動も含めて全体を管理できるが、都市の単位となる
と、地域の境界を越えるモビリティの移動もあり、特定の都市にのみ紐付
いたScope 3 を把握するのは容易ではない。つまり、CO_2排出量を地域や
都市単位で確認するのは非常に困難なのだ。

　1つのライフサイクルのなかで完結できる企業と違い、地域や都市には
多様なステークホルダーが存在する。行政機関やさまざまな企業があり、
住民や通学者、旅行者などもいる。そこからの排出量をどう把握していく
かが課題になっている。地域のネットゼロを実現するためには、多様なス
テークホルダーとの連携・協力が不可欠であり、まずは実現に向けた取り
組みのコンセンサス形成と連携のための仕組みの構築が必要なのだ。
　先進国のなかでは、地域のネットゼロを推進する取り組みが進んでいる
国もある。たとえばデンマークでは、国全体でCO_2排出量やエネルギー問
題に積極的に取り組み、都市によってはもう少しで脱炭素化を達成すると
いうエリアも出てきている。

　地域においてネットゼロを推進するためには、地域のエネルギー消費や
GHGの排出量を予測し、実績の見える化を実現することが必須の要件に
なる。そもそも企業活動（生産や物流）の根幹にあるのはエネルギーの使用
であり、ネットゼロの実現には、そのエネルギーを脱炭素化すること、つ
まり、化石燃料の非化石エネルギーへの転換や供給される電気の非化石

化が必要になる。そのためには、再生可能エネルギー比率の拡大や、電源構成の見直し、カーボンオフセット・CCUS（Carbon dioxide Capture, Utilization and Storage）などの手段があり、水素やアンモニアなどを含めた新しい燃料の技術開発や活用が期待されている。

札幌市や川崎市などで始まっている脱炭素化の取り組み

　日本政府は、長期目標として「2050年カーボンニュートラル」を掲げ、これを実現するには、すべての産業にわたって脱炭素の取り組みの推進が必要だと述べている。電力部門では非化石電源の拡大を、産業・民生・運輸部門では脱炭素化された電力による電化・水素化・メタネーション・合成燃料などを通じた脱炭素化を求めている。さらに、電化・水素化で脱炭素化できない領域は、CCUSやカーボンリサイクルの活用を求めている。

　カーボンニュートラル実現に向けた取り組みは、国によって大きな違いがある。スウェーデンやフランスなどは原子力の比率が高いため、電気におけるCO_2排出量の問題は少ない。そもそも化石燃料は採掘される場所が限られており、地政学リスクも発生する。そのリスクを避けるためにも脱炭素化は意味があり、同時に地産地消である再生可能エネルギーの活用の重要性が高まっている。今、世界はその方向に急速にシフトしつつある。

　こうした社会全体の脱炭素化のなかで、2022年11月末時点で自治体の半数に迫る804の自治体が、2050年までにCO_2排出実質ゼロを目指すゼロカーボンシティの表明や、国の脱炭素ロードマップの先行的な取り組みとして、2030年度までに民生部門のCO_2排出量実質ゼロを目指す地域を100カ所つくる脱炭素先行地域の取り組みなど、地方自治体による脱炭素の取

り組みが本格化しつつある。札幌市の事例を紹介しよう。

　札幌市では2020年2月にゼロカーボンシティを宣言、2021年3月に「札幌市気候変動対策行動計画」で、2030年にGHG排出量を55％削減（2016年比）という野心的な目標を掲げた。計画のポイントは、市域全体のGHGの削減目標の達成に向け、市役所が排出削減に率先して取り組む姿勢を市民・事業者に示すため、自らの削減目標を別立てにして設定したこと。また施策ごとに定量的なモニタリング指標を設定して進捗を管理、最終目標よりバックキャストして、施策ごとに必要となる削減目標を設定した点にある。

　もう1つが川崎市の事例だ。川崎市は、2050年カーボンゼロの削減目標を立て、脱炭素戦略「かわさきカーボンゼロチャレンジ2050」を実施。さらに策定していた2030年目標を見直して、新たに2030年までの約10年間で100万トンのCO_2削減に挑戦することを公表している。特に、2030年の削減目標の達成に向けて、住宅・商業・工業地域の特性に応じた施策を策定し、排出削減の取り組みを推進している。

　たとえば、住宅地域では、公用乗用自動車へのBEVの導入が加速化され、住宅へのLED照明や太陽光発電、家庭用燃料電池の導入が促進される。商業地域では、ZEB（Zero Energy Building）の推進や、民間事業者などと連携した廃棄物発電などの再生可能エネルギーの地域活用などが図られる。工業地域では、「臨海ビジョン」の推進による低炭素型インダストリーエリア構築に向けた取り組みが推進される。

　これらの都市はなぜネットゼロを進めるのか。その理由の1つは、将来、人口減少およびそれに伴う自治体の収入減も見込まれているなかで、地方

が再生可能エネルギーから収益を上げ、それに基づいて地域サービスの向上を目指すことがあげられる。それを実現するには、企業や住民を巻き込みながら、ネットゼロを実現して魅力ある街づくりを行う必要がある。

　一般的に、都市に紐付く活動は個人や企業の集合であるため、連携すべき情報は整理、特定したうえで共有する仕組みを持つことが重要となる。その理想形が、スマートシティ基盤(都市OSなどのデータ基盤や、コミュニケーション基盤)の構築だ。デジタルプラットフォーム上に情報やデータを集約できるようになれば、リアルタイム、またはタイムリーにCO_2排出量を測れるようになり、時差なく未来を予測してエネルギー消費のマネジメントが可能になる。スマートシティ基盤に脱炭素のデータを取り込むことは、1つのゴールとなるだろう。

　GHGの種類で圧倒的に多いのはCO_2で、エネルギー起源のものが全体の85％を占めている。そのなかでも電力・熱の占める割合が最も高いため、その対策が最初に必要になる。脱炭素に向けて取り組む順番としては、利用エネルギーを最小化しつつ、電力を皮切りに、GHG排出のないエネルギーへの転換をしていくこと。具体的には、電力部門の脱炭素化（クリーンエネルギー活用の最大化)と、非電力部門の燃料転換(グリーン燃料への転換、クリーン電力活用）である。ただし、日本の社会経済活動を考慮すると、すべてを脱炭素化することは難しいため、排出権取引の形で排出量をオフセットしなければならない。

　これらの対策を効果的に実行するには、モニタリングが欠かせない。正確なGHG排出量がわからなければ、どのくらいのオフセットが必要なのかわからないからだ。ネットゼロを目指すには、やはりスマートシティ基

盤などを通じて、GHG排出量のデータをタイムリーに取得していく必要がある。目標達成のためには、ダイエットと同様に、目標指標・先行指標・行動指標からなるKPIツリーを設計し、行動指標をモニタリングすることで、必要な行動を識別し、実行していくことが重要になる。

　ネットゼロを目指すには、産官学民の連携も重要な論点になる。自治体と、企業、学術機関、そして住民が連携しながら、GHG排出量を正確に把握できる仕組みづくりを考えていかなければならない。

スマートシティにおけるサステナビリティ

　スマートシティを考えるとき、脱炭素に加えて重視しなければならないのは、サステナビリティ（持続可能性）という要素である。都市を取り巻く環境は日々変化しており、サステナビリティは世界のどの都市においても実現が求められる重要なキーワードになっている。サステナビリティには、GHG削減のような喫緊の課題への対応も含まれるが、都市に関わるすべての人のアクセシビリティ（利用容易性）向上や、継続的にサービスが提供されるための採算性の確保なども重要な要素となっている。

　PwCコンサルティング合同会社では、持続可能なスマートシティは、「環境に配慮したインフラストラクチャー」「経済性」「ウェルビーイング」の3つの要件を満たす必要があると考える。持続可能なスマートシティを開発する際、これらの3要素のどれか1つだけに注力するのではなく、バランスよくすべての要素を取り入れながら、都市を発展させることが不可欠であると考えているのだ（図表2－19）。

「環境に配慮したインフラストラクチャー」とは、人々の持続可能な暮らしを実現するため、ネットゼロという最終的な目標を掲げ、GHGやCO_2排

■図表2-19　持続可能なスマートシティの要素

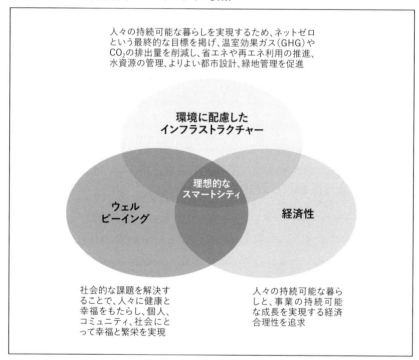

出量を削減し、省エネや再エネ利用の推進、水資源の管理、よりよい都市
設計、緑地管理を促進すること。「経済性」とは、人々の持続可能な暮らし
と、事業の持続可能な成長を実現する経済合理性を追求すること。そして
「ウェルビーイング」とは、社会的な課題を解決することで、人々に健康と
幸福をもたらし、個人やコミュニティ、社会にとっての幸福と繁栄を実現
することである。

　この3つの要件を満たすには、テクノロジーの活用は必須である。テク

ノロジーは、スマートシティの構築に大きく貢献する。とはいえ、その都市に住んで、都市のサービスを利用する人の利益を意識しないテクノロジー一辺倒のアプローチは根本的に問題があり、最終的にあらゆる取り組みの失敗につながってしまう。使い勝手がよくなくて、CO_2だけ削減できても、それは本末転倒になる。取り組みを成功させるためには、「ヒューマンセントリック（人間主体）アプローチ」によって、あらゆるサービス利用者のニーズをプロジェクトの中心に据えながら、すべてのステークホルダーを開発プロセスに参加させることが重要になる。

　また、近年のテクノロジーの発展に伴い、特にモビリティ分野において社会のサステナビリティ実現に向けた取り組みが進んでいる。多様なソリューションやサービスによって最適化される交通や移動は、カーボンニュートラルの達成、ひいては持続可能なスマートシティの実現に向けて、重要な役割を担おうとしている。

　たとえば、テクノロジーによって、タクシーが目的地まで最短で行くルートを選択できれば、移動の時間が短縮され、CO_2排出量を削減でき、距離が短くなるので料金も安くなる。鉄道でいえば、通勤時間帯の電車の混雑具合をリアルタイムで可視化できれば、出勤時間のコントロールができて利用者は不快な思いをせずに済み、運営者も採算性を考慮しながらスムーズな運行計画を立てられる。モビリティに関わる誰もが幸福になれるのだ。こうした取り組みには、個々のソリューションの効率性や利便性の改善が不可欠だが、個別のソリューションを通じて達成できることには限界がある。持続可能なスマートシティを実現するには、都市全域において複数のソリューションを連携させることが必要なのだ。

　PwCでは、持続可能なスマートシティの側面として、「ユーザーフォーカス」「柔軟性」「革新性」「信頼性」「実現可能性」という5つのポイントを重視している。サービスは利用されて初めて価値を発揮する。プラットフォームやサービス、テクノロジーを的確に活用し、利用者の実際のニーズに対応するソリューションを提供することが、スマートシティにおいて最も重要な側面になる。

企業の枠を超えたカーボンニュートラルの取り組みの加速

企業はScope3までのカーボンニュートラルを図ることが必要

　今、企業は自社の取り組みであるScope1やScope2だけでなく、上流や下流を含むScope3までのカーボンニュートラルを図ることが求められている。その背景としては、プライム市場の上場企業はTCFD（気候関連財務情報開示タスクフォース）対応などにより、温室効果ガス（GHG）排出量の開示が義務化されていることがある。自動車産業でいえば、完成品メーカーである自動車OEMは、自社のCO_2排出量削減だけでなく、製品の製造時や使用時までを含めたGHG排出量を削減しなければならない。たとえば、自動車の製造には大量の鉄の購入が必要になるが、鉄の製造時におけるCO_2排出量は非常に多い。ゆえにサプライヤーに対してもGHG排出量の削減を求めるようになっている。1社単独ではGHG削減が図れないことから、サプライヤーを含めた連携が必要な時代になってきているといえる。

　企業にとっては、従来のQCD（品質・コスト・納期）の要素に加えて、いかにGHG排出量を少なく製品を製造するかが、競争力の1つになりつつあるのだ。

　では具体的に、自動車OEMは、LCAに関してサプライヤーへどのような要請を開始しているのだろうか。

　ある日本の自動車OEMは、CO_2排出量の前年比3％削減を要請し、別の自動車OEMは毎年4％ずつCO_2の削減を求め、2050年に実質ゼロにな

るように要請している。

　欧州では、すでに一部の自動車OEMがBEVの一部の車種で部品サプライヤーにカーボンニュートラルでの部品製造を要請。そのため、同車にバッテリーを納品しているサプライヤーは、太陽光や風力などの再生可能エネルギーで100％カーボンニュートラルでの部品製造を実現している。また、ほかの欧州OEMでは、サプライヤーとの新規契約は、カーボンニュートラルを目指すことを組み込んだアンビションレター（実現へ向けた覚書）への署名を条件とすることを発表している。

　自動車以外の電子部品関連を見ると、この動きはさらに進んでいる。たとえば、利用エネルギーの100％再エネ化と達成年度の宣言が求められる「RE100」イニシアチブには、現在、世界で240社以上、日本企業では30社以上が加盟している。

　ある企業では先んじて、数年前から自社施設電力を100％再エネで調達する取り組みを始めている。また、同社では製造プロセスから排出されるCO_2を削減するために、サプライヤーの100％再エネ化を積極的に進めている。2030年までに、すべての製品について気候変動影響をネットゼロにすることを目標としており、多くのサプライヤーが100％再エネ化へのコミットを表明している。今後、このような動きが加速することが予測される。

　特に欧州の場合、日本国内と比べて再エネ利用に積極的な地域が多いため、自動車、電子部品ともサプライヤーのカーボンニュートラル化が進んでいるといえる。

　こうした動きの一方で、OEMがサプライヤーに要請する製品LCAの定義は定まっておらず、ようやくルールづくりが始まった段階である。その

代表的なものが、WBCSD（持続可能な開発のための世界経済人会議）が公開しているガイドライン「Pathfinder Framework」である。

バリューチェーン全体で製品レベルのCO_2排出量データを算出・交換するためのガイドラインで、これによって企業はCO_2排出量をより詳細に把握することができる。

ガイドラインは、「Material acquisition & Pre-processing（素材の入手と前処理）」「Production（製造）」「Distribution & Storage（物流・保管）」「Use（使用）」「End of life（廃棄）」の5つの工程に分かれ、前の3つの工程をCradle to Gate（製品の開発から出荷まで）の範囲としている（図表2－20）。

自動車産業では、「Production」の位置に自動車OEMがあり、たとえばTier 1のサプライヤーからブレーキディスクを購入し、Tier 1はそのブレーキディスクをつくるためにTier 2のメーカーから鉄を購入する、という構図がある。それぞれのメーカーがScope 1とScope 2、Scope 3の上流を算出し、それらを積み上げることでCO_2排出量を把握していく。

計算では、一次データ（各サプライヤー算定値）が優先され、取得できない場合は二次データ（排出係数）を活用する。「Use」「End of life」の部分、廃棄物や販売した製品の使用などScope 3の下流部分は、基本的に自動車OEMの責任範囲となる、というのがPathfinder Frameworkのルールだ。つまり、製品購入後のユーザーの使用によって発生するGHGはOEMが責任を持つべきで、サプライヤーに責任の所在はないとしているのだ。

産業界全体を見ると、現在の算定状況としては、Scope 1とScope 2は算出や開示が進んでいるものの、Scope 3を開示している企業はいまだ少数で、他の業界（電力、インフラ、小売など）に比べ、特に製造業の比率が低いのが現状である（図表2－21）。Scope 3は、サプライチェーン上の

自社以外の活動によって発生するGHG排出量が対象であるため、Scope 1、2と比較して、開示が可能な企業が少ないためである。

カーボンニュートラルを活用した事業の拡大

こうした環境のなかで、義務としてGHG削減を図るだけでなく、先進

■図表2-20　Pathfinder Methodological Framework

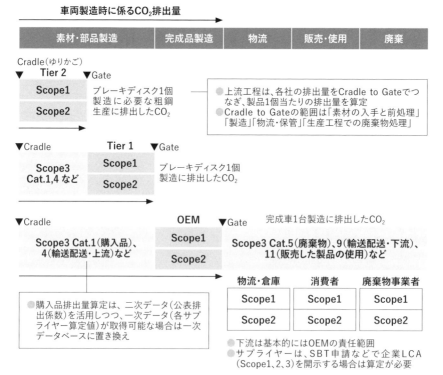

出典：wbcsd Pathfinder Framework - Guidance for the Accounting and Exchange of Product Life Cycle Emissions（2021年11月発表）よりPwC作成

■図表2-21　CDP回答企業（アジア・太平洋地域）のScope開示割合

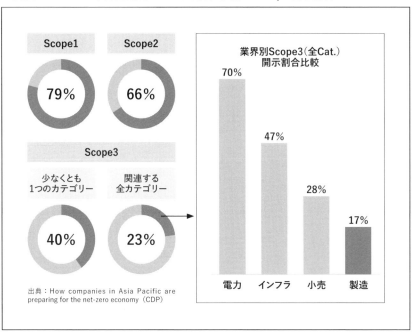

出典：How companies in Asia Pacific are preparing for the net-zero economy（CDP）

的な企業のなかでは、カーボンニュートラルの動向を活用して事業を拡大していこうという動きも現れている。

　その動きの１つに、「ファースト・ムーバーズ・コアリション（First Movers Coalition：FMC）」の設立がある。これは、世界経済フォーラムが米政府と脱炭素技術の開発を促す枠組みとしてつくったもので、大企業が大量の脱炭素製品の調達を予告することで、サプライヤーの技術革新の意欲を高めるのが狙いだ。サプライヤーにしてみれば、カーボンニュートラルの製品をつくっても、大企業が発注してくれるかどうかわからない状態では、不安がつきまとう。FMCという枠組みがあれば、安心して技術開

発投資や生産に着手できる。

　このFMCには、約30社の大手企業が初期メンバーとして名を連ね、「トラック輸送」「航空」「海運」「鉄鋼」の４分野が目標・購入予定提示の対象となっている。今後は「アルミ」「化学品」「セメント」も追加予定だ。その「トラック輸送」の分野では、「2030年までに購入する大型トラックの30％、中型トラックの100％をゼロ・エミッション車とする」などの目標を掲げている。

　FMCの動きはまだトライアル的ではあるが、今後コンソーシアム的に広がっていくと予測されている。世界的にカーボンニュートラルな製品調達の潮流が拡大すれば、脱炭素への対応力がサプライヤーの競争力を左右するようになる。一例をあげると、鉄鋼・金属業界では、脱炭素に対応するために電炉シフトが進んでいる。高炉でコークスを燃やして鉄をつくるより、電炉でスクラップを溶かして鉄をつくるほうがCO_2排出量が少なくなり、競争力が高まるからだ。

　また、カーボンクレジットを活用した事業開発の動きもある。

　現状では、脱炭素や低炭素の技術開発や投資は、化石燃料由来のエネルギー利用と比較してコストが高くなってしまう。とはいえ、脱炭素や低炭素の技術開発や投資によってカーボンクレジットの創出が可能になると、カーボンクレジットを売却した収益によって、化石燃料由来エネルギーと比較したコスト高を吸収、もしくは収益がコストを上回ることで利益を確保できるようになる。さらに、カーボンクレジットによって脱炭素コストを吸収することができれば、脱炭素製品を既存製品と同程度の価格で市場に提供することも可能になる。

　カーボンクレジットを活用することで、企業は脱炭素を競争優位性とし

た製品やサービスの開発がしやすくなるというメリットが生まれるのだ。

　もう1つの動きは、マスバランス方式によるカーボンニュートラル製品の開発である。マスバランス方式とは、製品の製造過程で、低CO_2品などの特性を持った原料とそうでない原料とが混在する場合に、その特性を持った原料の投入量に応じて製品の一部に対してその特性を割当てる手法のことだ(図表2-22)。

■図表2-22　カーボンニュートラル製品ベンチマーク

世界的にカーボンニュートラル製品の調達の潮流が拡大しており、カーボンニュートラルへの対応力がサプライヤーの競争力を左右し始める

鉄鋼メーカー カーボンニュートラル鋼材の設定

- CO_2削減効果を特定鋼材に割当てる「マスバランス方式」を用い、トン当たりのCO_2排出量削減率100%製品を販売

マスバランス方式概要、採用企業

- 製品の製造工程で、低CO_2品などの特性を持った原料とそうでない原料とが混在する場合に、その特性を持った原料の投入量に応じて製品の一部に対してその特性を割当てる手法

マスバランス未適用

全製品にCO_2削減効果を割当て

| 製品A | 製品B | 製品C | 製品D |

マスバランス適用

| 製品A | 製品B | 製品C | 製品D |

- 内外の大手鉄鋼メーカー、化学メーカーでも多数の採用事例あり

特定製品のみにCO_2削減効果を割当て

ファースト・ムーバーズ・コアリション(FMC)の設立

- 世界経済フォーラムが、脱炭素技術の開発を促す枠組み「ファースト・ムーバーズ・コアリション」を設立
- 大企業が大量の脱炭素製品の調達を予告することで、サプライヤーの技術革新の意欲や予見可能性を高める狙い
- 米国の大手物流企業やテクノロジー企業、航空機製造企業から欧州自動車OEMなど約30社の世界的な著名企業が初期メンバー
- 「トラック輸送」「航空」「海運」「鉄鋼」の4分野が目標・購入予定提示の対象
- 今後、「アルミ」「化学品」「セメント」も追加予定

　たとえば、再生可能なバイオ原料を10トン、石油などの化石原料を90トン混合した製品をつくったとする。すると、バイオ原料を10％含む100トンの製品ができあがる。ここでマスバランス方式を用いると、しかるべき第三者の認証を受けることによって、できあがった製品100トンのうち、10トン分（10％分）を「バイオ原料100％の製品」と見なすことができる。

　現状の技術では、化石原料を一気にバイオ原料に置き換えることはできないが、生産者はマスバランス方式を利用することで、「バイオ原料100％」をうたう製品、つまりカーボンニュートラル製品をつくることができ、事業の拡大を図ることが可能になるのだ。

　このマスバランス方式は、鉄鋼や化学といったCO_2削減の難易度が高い業界で利用されるケースが多い。たとえば、ある鉄鋼メーカーでは、CO_2削減効果を特定鋼材に割当てるマスバランス方式を用いて、トン当たりのCO_2排出量削減率100％のカーボンニュートラル製品を販売している。この他にも国内外の大手鉄鋼メーカー、化学メーカーなど多数の企業でマスバランス方式が採用されている。

　FMCをはじめ、これらのカーボンニュートラルへの取り組みは、1社単独での投資や開発は難しいため、コンソーシアム的に購買側・販売側が協力して促進していくことが必要になる。

エリア単位でのカーボンニュートラルの取り組みの加速化

　企業での取り組みとは別軸で、エリア単位でのカーボンニュートラルの取り組みも進んでいる。政府は脱炭素先行地域での取り組みを行い、各自治体ではゼロカーボンシティ宣言を行い、民間都市開発でもゼロカーボン化は徐々に必須の要件になりつつある。

　ゼロカーボンシティを構築するためには、電力のグリーン化だけでなく、省エネや電化、カーボンニュートラル物流やエネルギーマネジメント、資源循環などの総合的なアプローチが必要になる。また当然のことながら、新しい街づくりをするためには、ゼロカーボンを実現しながら、地域の課題を解決することが求められる(図表2－23)。

　ただし現状は、各企業がソリューションをバラバラに持っており、エリア単位のゼロカーボンや地域課題を解決するには、エリア単位でのアライアンス構築が必要になる。具体的には、エネルギー企業やデベロッパーが主軸となり、各レイヤーで企業が自社の得意領域のソリューションを組み合わせて、統合的なスマートシティを構築しなければならない。同時に、国の補助制度やサステナブルファイナンスなどを当初から組み込んだ構想立案も必要になる。

　エリア単位でのカーボンニュートラルの取り組みのなかで、自動車産業はどのレイヤーで、どのような役割を果たせるのだろうか。

　エリアのGHG排出量のうち交通分野が占める割合は相応にあり、特に自家用車に依存している郊外型の都市においては、脱炭素が重点ターゲットになる。今後は自家用車のEV化が進むように充電インフラを整えることに加え、地域で最適な交通量に適合するように自家用車の保有率を下げ、EVカーシェアやオンデマンド型のMaaSを普及させることが望まれる。

　このようなソリューションに対しては、公的な補助制度が複数設けられている。そのなかでも環境省による再エネ推進交付金は、脱炭素先行地域に選定された自治体の取り組みに対して、設備投資を最大3分の2補助する制度(上限あり)であり、エリアの脱炭素を強力に推進する。

■図表2-23　産業を中心としたゼロカーボンシティ構想イメージ

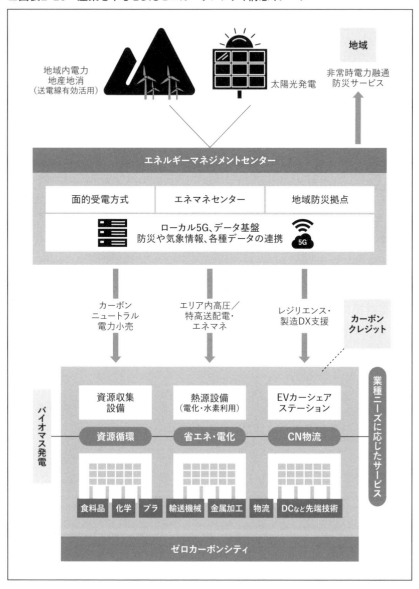

サーキュラーエコノミー実現に向けたプラットフォーム構築

サーキュラーエコノミーの経済効果とは

　サーキュラーエコノミー（CE）とは、使い切り経済からの脱却を意味する。従来の直線型経済(リニアエコノミー)は、製品を生産して利用したら廃棄するというものだった。大量の廃棄物を発生させ、資源を枯渇させ、環境被害や汚染を招いてしまう。一方、CE、つまり循環型経済とは、利用・再利用を何度も繰り返すことで、有限な資源を最大活用するもの。生産・消費サイクルに沿った物質のクローズドループを構築するスタイルで、CO_2の排出や原材料の消費を大幅に削減する。ただしCEは、リサイクル原料が高価であることが多く、経済性をいかに上げてビジネスを回していくかが課題となっている。

　CEには4つの経済的効果がある。

　1つ目は、資源の無駄をなくせること。一度使われただけで捨てられる資源、つまり原材料費を最小化することにより、利益率が向上する。前述したように、現状ではリサイクルのプロセス、特に回収と分別が労働集約型の作業になっているため、リサイクル原料が高価になる問題があるが、ここに自動化技術など経済性を付加することで、リサイクル材料を安価にすることができる。

　2つ目は、製品の寿命を延ばせること。従来は、新製品を売るために製品の寿命を計画的に調整してきたが、そもそも構成するすべてのマテリアルの寿命は同時に尽きるわけではない。たとえば、マテリアル全体ではな

く一部部品のみを適切なタイミングでメンテナンスすることで、ハードウェアを長生きさせ、付随するサービスで収益を向上させる、もしくは成果の価値を売ることができる。

　3つ目は、利用頻度を上げられること。未使用の時間を最小化し、遊休資産を時間単位で売ることによって、売上高は向上する。過去はソフトウェアが主役だったが、シェアリングエコノミーでは、今後ハードウェアも主役になりうる。

　4つ目は、廃棄物の潜在価値を上げられること。廃棄製品を中古の廉価品として別の市場で販売したり、ケミカルリサイクルによって高級品の原材料にしたりするなどアップサイクル・ダウンサイクルの双方の手段を講じることで、CEの経済性を向上させることができる。

　廃棄された製品をリサイクル、再資源化する過程では、廃棄物の回収業者や物流業者、分別・分離業者、場合によっては複数工程を複数企業で分担するリサイクル・再資源化のプレーヤーなど、従来のリニアエコノミーには登場しなかった複数のプレーヤーが登場し、静脈サプライチェーンを構築する。

　また、従来の大量生産・大量消費モデルとは異なり、CEが目指す必要なタイミングで必要な量の製品を供給するには、そのタイミングで必要量のリサイクル資源を確保する必要がある。そのためには、これまで以上に多くのプレーヤーが、これまでよりも密に、相互に利益のあるルールを決め、互いの情報を出し合って連携することが求められる。

　PwCコンサルティング合同会社では、こうした多様かつ多数のプレーヤーが、情報や役務の提供などの貢献をする代わりに他の参加者からも同様の恩恵を受ける相互扶助の仕組を「プラットフォーム」と呼ぶ。CEを

実現するには、まさにそのプラットフォームをどう構築していくかがポイントとなる。

このプラットフォームには、「複数企業が共通データを管理するデータ連携・共有基盤」も包含される。多くのリサイクル可能な素材や資源は、川下産業から川上産業など従来に見られなかった形で業界横断的に使用されている。それらをまとめて効率的にリサイクルする仕組みが形成された場合、プラットフォームは産業横断的に形成されることになる。

プラットフォームの持つ最も代表的な機能は、リサイクル製品の需要と、それを満たすためのリサイクル原料・リサイクルに必要な各工程の情報を一元管理すること。言うなれば、静脈サプライチェーン計画を最適化することである。これに加えて、リサイクル資源のトレーサビリティ情報を保有することで、再生された製品に情報を付与し、ブランド価値を高めるなどの発展も期待されている。

本来CEの実現は、LCA低減にポジティブに寄与するはずだが、黎明期である現在においては、適切な静脈サプライチェーンが構築されていないがゆえに、ネガティブに寄与しているケースがある。たとえば欧州エンジニアリング・プラスチックCE大手プレーヤーは、米国で原資を回収し、東欧で化学処理を施して、欧州で後加工を行い、米国で再度販売している。こういったムダを排除するためにもプラットフォームのニーズは高まっている。

また、プラットフォームにはCEを実践するうえで必要な静脈サプライチェーンにまつわる情報や、付加価値を加えるトレーサビリティ情報が集約されることになるため、今後自社のCE化を超えて他業種・他企業が集うプラットフォームを構築できるプレーヤーが競争優位を獲得できるはず

である。

プラットフォームの参加企業と覇権争い

　プラットフォームはさまざまな企業で構成されるが、まだ多くの取り組みが実証段階であり、特定地域内での活動であることが多く、廃棄物の回収事業が絡むため、消費財や日用品関係では自治体が加わるケースが多い。

　たとえば、神戸市では2021年10月から、詰め替えパックを回収〜再資源化する取り組みを開始している。自治体は市民への広報・啓発活動、ポイント付与による回収促進を行い、小売事業者は店頭での詰め替えパックの回収や、配送の戻り便や廃棄物の収集業者と連携した回収スキームを構築。リサイクラー（再資源化事業者）は収集した詰め替えパックの分別・再資源化を行い、製造事業者は水平リサイクルの実証、リサイクルしやすい素材や表示などの検討を行う。異業種連携による自主回収・再資源化事業スキームである。東京都東大和市でも、消費財メーカーやリサイクラーとともに、ボトルtoボトルの水平リサイクルを目指した技術検証をスタートしている。

　海外では、CEプラットフォーム構築の専業プレーヤーも存在し、プラスチック環境では、病院やスポーツ施設内に閉じたクローズドループを形成することで、効率的なCE構築を実現している。たとえば次のような事例がある。

- 病院：生分解性プラスチック製の使い捨て医療消耗品と発酵・バイオガス化システムをパッケージ化して病院に提供、病院内のクローズドループソリューションを提供

- スポーツ施設：サステナブルなスポーツ施設のコンセプトを発信、プレーヤーを巻き込みながら、米国NFL、MLBなどのスポーツチームと共同で施設内のプラスチック製品循環を実現

　耐久材である自動車においては、素材・部品・自動車OEMの各メーカーが、それぞれの視点でリサイクル技術開発と事業化の検討を進めている。しかし業界・競合企業横断的なプラットフォームはまだ確立されていない。そのなかでもリサイクルの要請が大きいリチウムイオンバッテリーのリサイクル市場（10年間で8倍超の急成長が見込まれている）は、スタートアップや大企業などさまざまなプレーヤーが参画して市場を形成しつつある状況だ。

　これまでの自動車産業は、OEMがピラミッドの頂点にいて、樹形図上にTier 1、2、素材メーカーと連なり、バリューチェーン下流ほど力関係が強い構図だった。だがCE型社会になり、資源供給の価値が大きくなるにつれて、最も上流の素材メーカーが力を持つ可能性もある。鉄・非鉄金属・プラスチックといった各資源・素材は産業横断的に使われているため、これらを横断的にリサイクルできる仕組みが確立されれば、従来通りの「自動車OEMの言う通り」にならないケースが増える可能性が高まるのだ。

　実際に、先進的な化学メーカーは、自動車OEMなど川下企業とは異なる視点から循環型サプライチェーンマネジメントをコントロールしようと構想している。川下の顧客産業を横断して共通する「化学物質」という単位で、動脈・静脈サプライチェーンを管理しようとしているのだ。サプライチェーンの各プレーヤーを巻き込んで、プラスチック・トレーサビリティ

を担保する仕組みの実証実験を進めている大手化学メーカーもある。

プラットフォームが形成されるサーキュレーション範囲の見極め

　ここで、プラットフォーム形成の展望を読み解くために、前提となるサーキュレーション範囲の見極めについて触れておこう。当然ながら、プラットフォームは、資源が循環される範囲に応じて、その関係者らで形成されていく。リサイクル型のCEを儲かる事業として成り立たせるには、何よりも回収したリサイクル資源の「品質安定」と「大量確保」により、規模の経済を利かせる必要がある。

　儲かる事業、すなわちリサイクル原料価格がヴァージン原料価格より安価になるためには、まず川下業界とのパートナーシップが必須となる。そのうえで、小さなクローズドループを形成し、高効率での回収「量」を確保する。同時に、業界内での流通品スペックの標準化を実現させ、回収品の安定「品質」を担保しなければならない。

　回収率が上がらない場合、リサイクル原料価格が上昇し、リサイクル普及の障害となってしまう。回収量が少ないとコストが高くなり、コストが高いと回収量が増えない、という負のサイクルに陥ってしまうのだ。そのなかでは技術イノベーションも起こらない。

　実際に、あるアパレルメーカーは全製品の1％弱しか回収できていないため、リサイクル原料価格がヴァージン原料価格の数十倍になっているという。シミュレーションによれば、約50％回収できれば、10％弱までリサイクル原料価格を抑えることができる。消費者はサステナブルにより、明らかに効用を実感できる、もしくは、持つことで誰かにアピールできる製品に対しては10〜25％増までは支払ってもよいと考えている。製品コス

トの10%弱増程度ならば十分な許容範囲となる。

　量の確保が大事だといっても、範囲を広げて多く集めればよいというものではない。構成素材や劣化の度合いに応じて分別・分離して回収したほうが、再利用・再生産品の経済価値が大きくなるため、「どの資源の範囲・粒度を循環の対象とするのが最も効率的か」を判断することが重要になる。

　たとえば、化学産業における代表的なリサイクルプロセスには、ケミカルリサイクルやマテリアルリサイクル、リユース、リファービッシュなどがある。対象資源ごとに、有望なリサイクル技術動向を見ながら、「どの範囲まで、どこまで戻す」ことが最も効率的（高収益）になるかを見極める必要がある。日々進化し続けているリサイクル技術の革新によるゲームチェンジの可能性もあるため、技術動向には目を配っておく必要がある。自動車や衣類などに広く使用されているエンジニアリング・プラスチックにおいては、旧来から存在するマテリアルリサイクルに対して、粗原料までリサイクルするケミカルリサイクルが台頭しており、近い将来、リサイクルの対象となる資源の範囲・粒度の両面で大きな変革が起きることが想定される。

　PwCコンサルティング合同会社のCEのフレームワークでも、循環対象資源・範囲の特定が検討の出発点であり、最重要の論点となっている。「どの資源・循環範囲を対象とするか？」「どの範囲でどこまで戻すか？」「何を・どのように回収するか？」「誰にいくらで売れるか？」「結果、どれだけ儲かるか？」という順番で検討。サーキュラー型バリューチェーン構築に伴うコスト増の抑制とブランド化、販売価格増が狙えるマーケティングで、ヴァージン原料を超える収益性を確保できるかがポイントとなる。

　範囲の観点では、地理的なループの大きさの見極めも必要になる。リソース効率化に向けたサーキュレーション範囲の例としては、地産地消シナリオ（ローカルループ）に対するグローバルループがある。PwCコンサルティング合同会社が行った、ある素材企業のCE事業進出の検討では、欧米を中心に先行する競合に対して、回収網が手薄な東アジア圏では、パートナーシップを構築することで、東アジア内で効率的な静脈サプライチェーンをともに構築する提案を行った。サーキュレーション範囲を見極めるためには、事業や製品における理想的な循環のあり方を検討することが必要なのだ。

特別対談

サプライチェーン全体で技術革新と環境負荷低減を推進するために

佐々木貞夫
東京エレクトロン
代表取締役副社長

吉田あかね
PwCアドバイザリー
代表執行役

最先端の技術とサービスで環境問題の解決を目指す

吉田　御社の半導体製造装置事業は、製造業を含む幅広い産業を支えています。御社を取り巻く環境はどのように変化しているのでしょうか。

佐々木　東京エレクトロンは1963年に創業し、売上高は2022年3月期に2兆円を超えました。半導体業界の歴史はコンピュータから始まり、パソコンからスマートフォンで飛躍的に伸び、今は社会全体のありとあらゆる産業で使われるようになっています。近年はICT（情報通信技術）が社会に普及し始め、デジタル社会への加速がここ数年のトレンドになっています。一方で、半導体の経済安全保障上の重要性も非常に高まっていて、各国では半導体の地産地消、つまり国産化に力を入れている状況があります。

　ここ数年は、特にコロナ禍の影響で、人と人、人と社会が「つながる」意味が増し、社会のデジタルシフトは加速しています。コミュニケーションはデジタル化し、社会のサービスも非接触化しています。対面主義から非対面へとこれまでの常識は変化し、IoTやAI、5Gやクラウド、メタバースが普及するなど、未来に向けた技術革新が加速しています。

　そのようななかで、世界のデータ通信量は激増しており、2040年には現在の100倍以上の通信量が必要になると予測されています。同時に半導体市場も大きく成長、2022年の半導体の市場規模は約5,500億ドル[i]ですが、2030年には1兆ドル以上[ii]になると予測されています。それに伴って、私たち半導体製造装置の業界も大きく成長しています。

吉田　デジタルシフトの加速に伴う半導体市場の成長のなかで、社会から

はサステナビリティへの取り組みも求められているのではないでしょうか。

佐々木 ここ数年、飛躍的に成長するなかで、当社は「半導体の技術革新に貢献する夢と活力のある会社」という新しいビジョンを掲げました。社会が持続的に発展するためには半導体が不可欠であり、その半導体の性能、信頼性、エネルギー効率などの向上やそれを実現する半導体製造プロセスにおける技術革新が世の中に大きく貢献すると考えたのです。そのビジョンのベースには、CSV（Creating Shared Value：共有価値の創造）という考え方があります。CSVとは、企業の専門性を活用して社会課題を解決することで、社会的価値と経済的価値を創出し、企業価値の向上と持続的な成長を実現するという考え方です。当社では、東京エレクトロン（TEL）版のCSVとして、これをTSV（TEL's Shared Value）と名付け、当社を取り巻くステークホルダーと共有していきたいと考えています。そして、私たちは現在、環境問題への取り組みが非常に重要な課題であると位置付けています。

吉田 御社では本業や技術革新を通して、環境問題を解決していこうということですね。

佐々木貞夫 Sadao Sasaki
東京エレクトロン株式会社 代表取締役副社長
1985年、東京エレクトロン入社。サービス、国内営業、マーケティング、新製品開発、米国駐在などを経て、2011年、東京エレクトロンテクノロジーソリューションズ社長に就任（現職）。2015年、東京エレクトロン取締役に就任（現職）。好きな言葉は「努力家は天才を上回る」。

佐々木　その通りです。社会課題に対する当社のアプローチとしては、まずビジョンにも描いた通り、半導体の技術革新の追求があります。重要視しているのは、大容量、高速、高信頼性、低消費電力という技術です。そうしてつくられる半導体の上に、高速通信やクラウド、AIやIoT、AR／VR／MRといったテクノロジーがあり、オンライン化やメタバース、AI診断やロボット、Smart化、EV／自動運転／MaaSなどのソリューションがあります。それらを得ることで、世の中の持続的な発展と、価値観や幸せの多様化に対応できるようになると考えています。

　環境に関しては、当社は「Technology for Eco Life」というスローガンのもと、最先端の技術とサービスで環境問題の解決を目指しており、環境方針として5つの項目をあげています。

　1つ目は、環境目標の設定と継続的な改善です。環境目標を設定し、製品ライフサイクルの環境パフォーマンスを向上させるため、環境マネジメントシステムを継続的に改善します。2つ目は、法令などの遵守です。これは環境関連の法令を遵守するだけでなく、環境問題を幅広く調査し、自主基準などを制定します。3つ目は、製品での環境貢献です。最先端技術を駆使し、環境適合型製品を開発します。また、顧客や取引先と連携・協力して環境問題の未然防止と改善に努め、持続可能社会の実現に貢献しま

吉田あかね Akane Yoshida
PwCアドバイザリー合同会社 代表執行役
2009年に現PwCアドバイザリー合同会社入社。クロスボーダー、または国内M&Aの実行および買収後の経営に関するアドバイザリー業務に従事。また、事業の一部譲渡取引、共同出資の組成、グループ内再編など、ディールを通じた価値創造（Value Creation）に関して幅広い経験を有する。2019年7月よりPwCアドバイザリー合同会社 代表執行役に就任、現在に至る。

す。4つ目は、事業活動での環境負荷低減です。事業活動における環境負荷を定量的に把握し、その低減を含む環境活動を従業員と一体となって、積極的かつ継続的に行い、汚染の予防と環境保護に努めます。5つ目は、社会との連携・協力です。ステークホルダーとの共通理解のもと、連携・協力を推進し、その期待に適切に対応していきます。

　この環境方針をベースに、ネットゼロに向けたCO_2排出量削減のマイルストーンをつくっています。自社の排出であるScope 1、2に関しては、2030年までに事業所全体で2018年比70％削減、2040年にネットゼロを目指します。自社以外の排出であるScope 3に関しては、環境対応型装置の開発により、2018年比でウェハー1枚当たりのCO_2排出量を2030年に30％削減、半導体メーカーとの協働で2040年に50％削減を目指します。さらには、2050年にRE（再生可能エネルギー）の導入も含めて、半導体工場におけるネットゼロを目指していきます。

吉田　ネットゼロに向けて、Scope 1、2、3それぞれの具体的かつ野心的なマイルストーンを設定されていますが、その実現に向けてはどのような取り組みを行われていますでしょうか。

佐々木　2021年6月には、環境負荷低減のスローガンとして、「E-COMPASS」というサプライチェーンイニシアチブをつくりました。これは"Environmental Co-Creation by Material, Process and Subcomponent Solutions"の略で、業界のリーディングカンパニーとしてサプライチェーン全体で半導体の技術革新と半導体製造時の環境負荷低減を推進していこうというものです。

　業界全体でサステナビリティを追求していくために3つの軸をつくりま

した。まず、環境負荷を最小化した物流を実現するために、モーダルシフトを推進し、梱包材の環境負荷低減に取り組んでいます。2つ目の軸は、禁止物質の含有パーツ情報共有システムを構築することで、環境有害物質フリー装置を実現すること。3つ目の軸は、プロアクティブな装置環境技術の開発を実践し、環境技術による製造技術革新の加速を実現することです。

　この「E-COMPASS」を進めるにあたって必要なのは、半導体製造装置の運用状態に応じたCO_2排出量を正確に把握することです。そのためのセンシング技術を自社開発し、全装置機種のモニタリングにより、CO_2排出量を測定しようと計画しています。

吉田：その技術はお客様に納めた装置にも付けられるのですか。

佐々木　お客様の要望に応じて、半導体工場にある当社の製品にも付けて、リアルタイムでどのくらいのCO_2を排出しているのかをモニタリングすることも可能です。それが実現すると、半導体工場のCO_2排出量の見える化にも貢献できます。

　世界で半導体の需要が高まると、半導体工場がさらに必要になってきます。現在でも新工場の計画が世界中で60以上あり、製造インフラは加速しています。今後の半導体の需要を考えると、半導体製造工場が排出するCO_2はますます増えていくことになります。これをネットゼロに近づけるにはどうすればよいのか。

　方法としては、半導体製造装置そのものの省エネ技術を発展させること、再生可能エネルギーや、ネガティブエミッションを使うことが考えられます。この3つを組み合わせることで、増大するCO_2排出量をネットゼロに

近づける。私たちにできるのは、出荷する全装置機種からのCO_2排出量の可視化を段階的に実施し、CO_2排出量削減に向けた新たな技術を開発していくことです。

　現在、半導体メーカーからも、半導体製造装置に省エネを実現してほしいという要望が出てきています。ポイントは、技術革新によって省エネを達成すること、温暖化係数の小さいガスを用いた半導体製造プロセス開発を行うことです。これからはこの2軸で取り組むことになります。

吉田　CO_2を排出しない半導体製造装置が求められているということでしょうか。

佐々木　そうですね。温暖化係数の高いガスは使わないことがポイントになります。当社は国内に大きな工場が4つあるのですが、そこでサプライヤーとの交流会を年2回開催し、環境問題についての提言を行っています。また、サプライチェーンの会社と協業して、さまざまな技術や装置に関して省エネ効果を高める取り組みをしています。もちろん開発費はかかりますが、社会全体が環境負荷低減の取り組みを重要視するなかで、省エネを実現できない製品は市場から淘汰されてしまうリスクがあります。逆に、省エネに向けてチャレンジすることが、製品や事業の価値につながります。そのために当社は積極的に研究開発に投資をしていますし、お客様もその価値を評価してくださっています。

　Scope 1、2に関しては、国内工場は再生可能エネルギーに全面的に切り替わっており、2022年度は、全エネルギーの74％が再生可能エネルギーとなっています。太陽光パネルの設置も継続的に行っており、2030年には再生可能エネルギー100％を目指しています。物流に関してもモーダ

ルシフトを推進しており、最終的にはトラックや船のEV化への切り替え
を積極的に進めていく方針です。

サプライチェーン全体で必要な環境法規制への対応

佐々木　もう１つ大変なのは、環境法規制への対応です。今、世界各国に
は多くの法規制があり、有害化学物質の規制がある場合、製品に含まれて
いたら除外していかなければなりません。法令遵守は重要なので、サプラ
イチェーン全体で対応していく必要があります。製品のなかで、どの部品
がOKでどの部品がNGになるのか、現在、データベースのシステムづく
りを行っているところです。最終的には、サプライチェーンはもとより業
界全体で共有して使えるものにして、世界各国の法規制に準拠した有害物
質フリーな製品になっていることを、仕様書に記載していこうと考えてい
ます。こうした法規制の問題は、半導体業界以外でも起きてくることでは
ないでしょうか。

吉田　おそらく、そのような法規制に対する対応が完璧にできている業界
はないと思います。その意味でも、御社が取り組まれているデータベース
を業界全体で共有しようというお考えはありがたいですね。

佐々木　データ通信量が増えることによって、半導体の需要が増えること
は前述したのですが、今、注目されているのが、半導体の微細化技術です。
半導体の微細加工は年々進歩し、最先端の先端技術ノードは５から３ナノ
メートルに到達しています。微細化が進んで高集積になると、低消費電力
で高性能なデバイスができあがります。このような技術進化を当社の製造

装置技術でサポートし、データ社会の到来に伴う電力消費の増大抑制に貢献していきたいと考えています。

　また、当社の主要サプライヤーは600社ほどあり、環境問題に関するアンケートを行ったのですが、省エネに対する取り組みはまだ浸透しきっていない状況です。「E-COMPASS」の活動を中心に推進しておりますが、サプライチェーン全体での取り組みはまだ時間がかかると思います。今後は、サプライチェーン全体での情報や技術の共有を進めながら協力体制を整え、省エネ活動を進めていきたいと考えています。

吉田　先ほどの法規制の話ですが、海外の規制が相当あると理解しております。これに対して、特に業界などから期待されていることはありますか？

佐々木　まずは、半導体製造業界の団体であるSEMIのなかで、しっかりと情報共有していきたいと考えています。連携を図りながら、各国の法令に対応していく必要があるのですが、特に法令解釈の部分が難しい。各国の言語で書かれているので、解釈を間違えると後で大きな問題になってしまいます。当社は世界で100名以上のメンバーが活動しているため、各国の環境に詳しい弁護士などの協力も仰ぎつつ、幅広くアンテナを張りながら対応していきたいと考えています。

吉田　半導体製造装置は1台が高額なもので、簡単にリプレイスできるものではないと思いますが、装置そのもののリサイクルや廃棄に関して、取り組まれていることはありますか。

佐々木　半導体製造装置のライフサイクルに関しては、PLM（プロダクト・ライフサイクル・マネジメント）と表現して活動しています。開発から設計、調達、出荷、サポートという半導体製造装置のライフサイクルをどのようにマネジメントしていくか。開発期間の短縮や、生産工程の効率化、市場に投入した後のアフターサービスを含めて、どうするかを考えています。さまざまなシステムのバージョンアップを繰り返しながら、ライフサイクルをどこまで延長できるかに挑戦しています。じつは、半導体製造装置の中古市場はこの10年間でほとんど枯渇しており、既存装置を延命することが大変重要になってきているのです。部品を置き換えることによって、古い製品でも省エネ効果が高まることもあって、こうした取り組

みがかなり積極的に行われているのです。当社もアフターサービス事業で、装置の延命や再利用にはかなり力を入れています。

i) 世界半導体市場統計(WSTS)
ii) 東京エレクトロンによる試算

おわりに

　地球環境、特に気候変動への対応が急務となるなか、産業の脱炭素化への要請は加速度的に高まってきている。自動車の電動化も本格化し、環境負荷の見方は使用時の燃費から車両やエネルギーの製造時のGHG排出に重点が移りつつあり、ライフサイクル全体での考慮が不可欠の時代となる。これは同時にLCAに関連するさまざまな取り組みを支えるデータ基盤を活用した新たなビジネス機会ととらえることもできる。ライフサイクルを通していかに顧客にとっての価値を高め収益機会を取り込むかの競争のなかで、バリューチェーンは拡張・変化する。商品のソフトウェア化を起点とした産業構造の変化、いわゆる「インダストリー・トランスフォーメーション」と相まって、こうしたLCA対応の取り組みもビジネスを大きく変えていくドライバーとなってくるであろう。

　さらに、LCAは環境政策の域を超え、地政学リスクを軽減するための国家安全保障の政策とも連携してきており、「エネルギー」「マテリアル」「データ」といった国や企業の経営にとって重要な資源の域内確保や域内産業育成と相互に関係する政策となっている。これによる「地産地消」化の動きは、いわゆる「サプライチェーン・レジリエンス(強靭性)」のリスクによってビジネスの継続性を左右する要素となり、その観点からグローバルサプライチェーンの最適なあり方の見直しが必要となる。同時に、国家にとってもこうした戦略の重要性が増していると言える。

　LCAの影響範囲がこのように広がることで、企業には、企業活動に関するさまざまな社内・社外のデータをつないで計算・分析し、多様な規制に対応したり、新たな事業の実行に活用したりする仕組みが必要とされる。

一方、こうした対応を柔軟かつ迅速に開発・実行することを可能とする「データ基盤」をいち早く構築し、その基盤上で社外のエコシステムパートナーや顧客とともにさまざまな付加価値サービスを次々と提供できるようになれば、それが次世代の新たなビジネスへと発展していくであろう。つまり、グローバルサプライチェーンやデジタルアーキテクチャを最適化しつつ、製品のライフサイクルの各段階に応じて各地の顧客に最適化された付加価値サービスを提供し続けられるような「グローバル・ライフサイクル・ビジネス・アーキテクチャ」の構築が求められる。

　そのための課題は多く、取り組みテーマも多岐にわたる。本書は、LCAに関連する課題を広くカバーし、それらへの取り組みのアプローチの端緒を紹介することで、変革の推進に役立てていただくことを目的として企画した。また、本書の執筆にあたった「LCAコンサルティングイニシアチブ」は、それらのテーマを個別に支援していたメンバーが一堂に会することで、企業にとって全体最適な取り組みを支援できるよう組成したグループである。本書が、貴社の次世代に向けた変革と持続的成長の一助になれば幸いである。

　最後に、本書に掲載させていただいた対談で、ご多用のなか貴重なご示唆をくださった東京エレクトロンの佐々木副社長には、改めて心よりお礼申し上げたい。また、多くの時間を割いて執筆・編集に尽力したPwCメンバー、およびダイヤモンド社の関係者の皆様にも、改めて感謝の意を表したい。

PwC Japan LCAコンサルティングイニシアチブ　リーダー

川原　英司

執筆者一覧 ※所属および役職は2023年1月現在

●全体監修
川原 英司
PwC コンサルティング合同会社
パートナー

平子 紗希
PwC Japan 合同会社
マネージャー

●取材協力
佐々木 貞夫氏
東京エレクトロン株式会社
代表取締役副社長

●執筆
序章
川原 英司
PwC コンサルティング合同会社
パートナー

第1章
1-1
細井 裕介
PwC コンサルティング合同会社
ディレクター

1-2
小野木 洸介
PwC コンサルティング合同会社
アソシエイト

1-3
辻岡 謙一
PwC コンサルティング合同会社
ディレクター

黒田 育義
PwC コンサルティング合同会社
シニアマネージャー

1-4
丸山 智浩
PwC コンサルティング合同会社
ディレクター

小川 博美
PwC コンサルティング合同会社
マネージャー

1-5
白土 晴久
PwC 税理士法人
パートナー

藤田 諒
PwC 税理士法人
シニアマネージャー

1-6
東 輝彦
PwC アドバイザリー合同会社
パートナー

村山 学
PwC アドバイザリー合同会社
ディレクター

1-7
川曲 弘城
PwC あらた有限責任監査法人
ディレクター

第2章
2-1
嶋根 瑞樹
PwC コンサルティング合同会社
Strategy& マネージャー

2-2
髙橋 信吾
PwC コンサルティング合同会社
ディレクター

2-3
中村 拓人
PwC コンサルティング合同会社
マネージャー

岡澤 沙貴子
PwC コンサルティング合同会社
シニアアソシエイト

東村 一紗
PwC コンサルティング合同会社
シニアアソシエイト

2-4
寺島 克也
PwC コンサルティング合同会社
パートナー

渡邉 伸一郎
PwC コンサルティング合同会社
ディレクター

糸田 周平
PwC コンサルティング合同会社
マネージャー

川添 健太郎
PwC コンサルティング合同会社
マネージャー

西山 早帝
PwC コンサルティング合同会社
シニアアソシエイト

2-5
茜ヶ久保 友人
PwC コンサルティング合同会社
パートナー

本多 昇
PwC サステナビリティ合同会社
ディレクター

袴田 貴博
PwC コンサルティング合同会社
シニアマネージャー

2-6
藤田 裕二
PwC コンサルティング合同会社
ディレクター

神田 冬希
PwC コンサルティング合同会社
マネージャー

2-7
安田 景
PwC コンサルティング合同会社
ディレクター

2-8
東 輝彦
PwC アドバイザリー合同会社
パートナー

村山 学
PwC アドバイザリー合同会社
ディレクター

2-9
茜ヶ久保 友人
PwC コンサルティング合同会社
パートナー

塚本 亮
PwC コンサルティング合同会社
マネージャー

対談
吉田 あかね
PwC アドバイザリー合同会社
パートナー

［編著者］

Life Cycle Assessment Consulting Initiative
（LCA Consulting Initiative）

PwC Japanグループに属するPwCコンサルティング合同会社、PwCあらた有限責任監査法人、PwCアドバイザリー合同会社、PwC税理士法人など、複数の法人から各分野の専門人材を集めた40名を超える横断組織。LCAの動向調査や対応戦略、ライフサイクルCO_2排出量の可視化や開示の方法、データ戦略やそれに向けたシステム導入・データガバナンス設計など、企業が抱える多岐にわたる課題に対し、ワンストップでスピーディーに対応している。

LCAが変える産業の未来

2023年2月14日　第1刷発行

編著者————— PwC Japanグループ
　　　　　　　 Life Cycle Assessment Consulting Initiative
発行所————— ダイヤモンド社
　　　　　　　 〒150-8409　東京都渋谷区神宮前6-12-17
　　　　　　　 https://www.diamond.co.jp/
　　　　　　　 電話／03·5778·7235（編集）　03·5778·7240（販売）
装丁・本文デザイン— 金井久幸（TwoThree）
DTP・図版 ——— 下舘洋子（bottomgraphic）
製作進行————— ダイヤモンド・グラフィック社
編集協力————— クリーシー、上條昌史
撮影協力————— 相沢邦広
印刷————————新藤慶昌堂
製本——————— 加藤製本
編集担当————— 花岡則夫、田口昌輝、寺田文一

©2023 PwC Japan
ISBN 978-4-478-11687-6